2012 年全国计算机等级考试系列辅导用书

——上机、笔试、智能软件三合—

U0129013

二级 Access 数据库

（含公共基础知识）

（2012 年考试专用）

全国计算机等级考试命题研究中心
天合教育金版一考通研究中心　编

机械工业出版社

CHINA MACHINE PRESS

2012年全国计算机等级考试在新大纲的标准下实施。本书依据本次最新考试大纲调整,为考生提供了高效的二级Access数据库备考策略。

本书共分为"笔试考试试题"、"上机考试试题"、"笔试考试试题答案与解析"和"上机考试试题答案与解析"四个部分。

第一部分主要立足于最新的考试大纲,解读最新考试趋势与命题方向,指导考生高效备考,通过这部分的学习可了解考试的试题难度以及重点;第二部分主要是针对最新的上机考试题型和考点,配合随书光盘使用,帮助考生熟悉上机考试的环境;第三部分提供了详尽的笔试试题讲解与标准答案,为考生备考提供了可靠的依据;第四部分为考生提供了上机试题的标准答案,帮助考生准确把握上机的难易程度。

另外,本书配备了上机光盘为考生提供真实的模拟环境并且配备了大量的试题以方便考生练习,同时也为考生提供了最佳的学习方案,通过练习使考生从知其然到知其所以然,为考试通过打下坚实的基础。

图书在版编目(CIP)数据

二级 Access 数据库 / 全国计算机等级考试命题研究中心,天合教育金版—考通研究中心编.—北京:机械工业出版社,2011.10

(上机、笔试、智能软件三合一)

2012 年全国计算机等级考试系列辅导用书

ISBN 978-7-111-36371-2

Ⅰ.①二… Ⅱ.①全…②天… Ⅲ.①关系数据库—数据库管理系统,Access—水平考试—自学参考资料Ⅳ.①TP311.138

中国版本图书馆 CIP 数据核字(2011)第 227752 号

机械工业出版社(北京市百万庄大街 22 号 邮政编码 100037)
策划编辑:丁 诚 责任编辑:丁 诚
责任印制:杨 曦
保定市中画美凯印刷有限公司印刷
2012 年 1 月第 1 版第 1 次印刷
210mm×285mm · 10.5 印张 · 384 千字
0 001—5 000 册
标准书号:ISBN 978-7-111-36371-2
光盘号:ISBN 978-7-89433-170-0
定价:36.00 元(含 1CD)

前　言

全国计算机等级考试(NCRE)自 1994 年由教育部考试中心推出以来,历经十余年,共组织二十多次考试,成为面向社会的用于考查非计算机专业人员计算机应用知识与能力的考试,并日益得到社会的认可和欢迎。客观、公正的等级考试为培养大批计算机应用人才开辟了广阔的天地。

为了满足广大考生的备考要求,我们组织了多名多年从事计算机等级考试的资深专家和研究人员精心编写了《2012 年全国计算机等级考试系列辅导用书》,本书是该丛书中的一本。本书紧扣考试大纲,结合历年考试的经验,增加了一些新的知识点,删除了部分低频知识点,编排体例科学合理,可以很好地帮助考生有针对性地、高效地做好应试准备。本书由上机考试和笔试两部分组成,配套使用可取得更好的复习效果,提高考试通过率。

一、笔试考试试题

本书中包含的 11 套笔试试题,由本丛书编写组中经验丰富的资深专家在全面深入研究真题、总结命题规律和发展趋势的基础上精心选编,无论在形式上还是难度上,都与真题一致,是考前训练的最佳选择。

二、上机考试试题

本书包含的 30 套上机考试试题,针对有限的题型及考点设计了大量考题。本书的上机试题是从题库中抽取全部典型题型,提高备考效率。

三、上机模拟软件

从登录到答题、评分,都与等级考试形式完全一样,评分系统由对考试有多年研究的专业教师精心设计,使模拟效果更加接近真实的考试。本丛书试题的解析由具有丰富实践经验的一线教学辅导教师精心编写,语言通俗易懂,将抽象的问题具体化,使考生轻松、快速地掌握解题思路和解题技巧。

在此,我们对在本丛书编写和出版过程中,给予过大力支持和悉心指点的考试命题专家和相关组织单位表示诚挚的感谢。由于时间仓促,本书在编写过程中难免有不足之处,恳请读者批评指正。

丛书编写组

目　录

前言

第1章　考试大纲

第2章　笔试考试试题

第1套　笔试考试试题 ……………………… 4
第2套　笔试考试试题 ……………………… 9
第3套　笔试考试试题 ……………………… 15
第4套　笔试考试试题 ……………………… 21
第5套　笔试考试试题 ……………………… 28
第6套　笔试考试试题 ……………………… 34
第7套　笔试考试试题 ……………………… 40
第8套　笔试考试试题 ……………………… 46
第9套　笔试考试试题 ……………………… 52
第10套　笔试考试试题 ……………………… 58
第11套　笔试考试试题 ……………………… 64

第3章　上机考试试题

第1套　上机考试试题 ……………………… 71
第2套　上机考试试题 ……………………… 72
第3套　上机考试试题 ……………………… 74
第4套　上机考试试题 ……………………… 76
第5套　上机考试试题 ……………………… 77
第6套　上机考试试题 ……………………… 78
第7套　上机考试试题 ……………………… 80
第8套　上机考试试题 ……………………… 82
第9套　上机考试试题 ……………………… 83
第10套　上机考试试题 ……………………… 84
第11套　上机考试试题 ……………………… 86
第12套　上机考试试题 ……………………… 87
第13套　上机考试试题 ……………………… 89
第14套　上机考试试题 ……………………… 90
第15套　上机考试试题 ……………………… 92

第16套　上机考试试题 ……………………… 93
第17套　上机考试试题 ……………………… 95
第18套　上机考试试题 ……………………… 96
第19套　上机考试试题 ……………………… 98
第20套　上机考试试题 ……………………… 99
第21套　上机考试试题 ……………………… 101
第22套　上机考试试题 ……………………… 103
第23套　上机考试试题 ……………………… 104
第24套　上机考试试题 ……………………… 105
第25套　上机考试试题 ……………………… 106
第26套　上机考试试题 ……………………… 108
第27套　上机考试试题 ……………………… 108
第28套　上机考试试题 ……………………… 110
第29套　上机考试试题 ……………………… 111
第30套　上机考试试题 ……………………… 112

第4章　笔试考试试题答案与解析

第1套　笔试考试试题答案与解析 ………… 113
第2套　笔试考试试题答案与解析 ………… 115
第3套　笔试考试试题答案与解析 ………… 118
第4套　笔试考试试题答案与解析 ………… 121
第5套　笔试考试试题答案与解析 ………… 123
第6套　笔试考试试题答案与解析 ………… 125
第7套　笔试考试试题答案与解析 ………… 127
第8套　笔试考试试题答案与解析 ………… 129
第9套　笔试考试试题答案与解析 ………… 132
第10套　笔试考试试题答案与解析 ………… 134
第11套　笔试考试试题答案与解析 ………… 135

第5章　上机考试试题答案与解析

第1套　上机考试试题答案与解析 ………… 138
第2套　上机考试试题答案与解析 ………… 138
第3套　上机考试试题答案与解析 ………… 139

< V >

第 4 套　上机考试试题答案与解析 …………… 139　　第 18 套　上机考试试题答案与解析 ………… 149

第 5 套　上机考试试题答案与解析 …………… 140　　第 19 套　上机考试试题答案与解析 ………… 150

第 6 套　上机考试试题答案与解析 …………… 141　　第 20 套　上机考试试题答案与解析 ………… 151

第 7 套　上机考试试题答案与解析 …………… 141　　第 21 套　上机考试试题答案与解析 ………… 152

第 8 套　上机考试试题答案与解析 …………… 142　　第 22 套　上机考试试题答案与解析 ………… 153

第 9 套　上机考试试题答案与解析 …………… 142　　第 23 套　上机考试试题答案与解析 ………… 154

第 10 套　上机考试试题答案与解析 …………… 143　　第 24 套　上机考试试题答案与解析 ………… 155

第 11 套　上机考试试题答案与解析 …………… 143　　第 25 套　上机考试试题答案与解析 ………… 156

第 12 套　上机考试试题答案与解析 …………… 144　　第 26 套　上机考试试题答案与解析 ………… 157

第 13 套　上机考试试题答案与解析 …………… 145　　第 27 套　上机考试试题答案与解析 ………… 158

第 14 套　上机考试试题答案与解析 …………… 146　　第 28 套　上机考试试题答案与解析 ………… 159

第 15 套　上机考试试题答案与解析 …………… 146　　第 29 套　上机考试试题答案与解析 ………… 159

第 16 套　上机考试试题答案与解析 …………… 147　　第 30 套　上机考试试题答案与解析 ………… 160

第 17 套　上机考试试题答案与解析 …………… 147

< Ⅵ >

第1章 考试大纲

考试大纲

基本要求

1. 了解数据库系统的基础知识。

2. 基本了解面向对象的概念。

3. 掌握关系数据库的基本原理。

4. 掌握数据库程序设计的方法。

5. 能使用 Access 建立一个小型数据库应用系统。

考试内容

一、数据库基础知识

1. 基本概念：

数据库，数据模型，数据库管理系统，类和对象，事件。

2. 关系数据库的基本概念：

关系模型（实体的完整性，参照的完整性，用户定义的完整性），关系模式，关系，元组，属性，字段，域，值，主关键字等。

3. 关系运算的基本概念：

选择运算，投影运算，连接运算。

4. SQL 的基本命令：

查询命令，操作命令。

5. Access 系统简介：

（1）Access 系统的基本特点。

（2）基本对象：表，查询，窗体，报表，页，宏，模块。

二、数据库和表的基本操作

1. 创建数据库：

（1）创建空数据库。

（2）使用向导创建数据库。

2. 表的建立：

（1）建立表结构：使用向导，使用表设计器，使用数据表。

（2）设置字段属性。

（3）输入数据：直接输入数据，获取外部数据。

3. 表间关系的建立与修改：

（1）表间关系的概念：一对一，一对多。

（2）建立表间关系。

（3）设置参照完整性。

4. 表的维护：

（1）修改表结构：添加字段，修改字段，删除字段，重新设置主关键字。

（2）编辑表内容：添加记录，修改记录，删除记录，复制记录。

（3）调整表外观。

< 1 >

5.表的其他操作：

(1)查找数据。

(2)替换数据。

(3)排序记录。

(4)筛选记录。

三、查询的基本操作

1.查询分类：

(1)选择查询。

(2)参数查询。

(3)交叉表查询。

(4)操作查询。

(5)SQL 查询。

2.查询准则：

(1)运算符。

(2)函数。

(3)表达式。

3.创建查询：

(1)使用向导创建查询。

(2)使用设计器创建查询。

(3)在查询中计算。

4.操作已创建的查询：

(1)运行已创建的查询。

(2)编辑查询中的字段。

(3)编辑查询中的数据源。

(4)排序查询的结果。

四、窗体的基本操作

1.窗体分类：

(1)纵栏式窗体。

(2)表格式窗体。

(3)主/子窗体。

(4)数据表窗体。

(5)图表窗体。

(6)数据透视表窗体。

2.创建窗体：

(1)使用向导创建窗体。

(2)使用设计器创建窗体：控件的含义及种类,在窗体中添加和修改控件,设置控件的常见属性。

五、报表的基本操作

1.报表分类：

(1)纵栏式报表。

(2)表格式报表。

(3)图表报表。

(4)标签报表。

2.使用向导创建报表。

3.使用设计器编辑报表。

4.在报表中计算和汇总。

< 2 >

六、页的基本操作

1.数据访问页的概念。

2.创建数据访问页：

(1)自动创建数据访问页。

(2)使用向导创建数据访问页。

七、宏

1.宏的基本概念。

2.宏的基本操作：

(1)创建宏：创建一个宏，创建宏组。

(2)运行宏。

(3)在宏中使用条件。

(4)设置宏操作参数。

(5)常用的宏操作。

八、模块

1.模块的基本概念：

(1)类模块。

(2)标准模块。

(3)将宏转换为模块。

2.创建模块：

(1)创建 VBA 模块：在模块中加入过程，在模块中执行宏。

(2)编写事件过程：键盘事件，鼠标事件，窗口事件，操作事件和其他事件。

3.调用和参数传递。

4.VBA 程序设计基础：

(1)面向对象程序设计的基本概念。

(2)VBA 编程环境：进入 VBE，VBE 界面。

(3)VBA 编程基础：常量，变量，表达式。

(4)VBA 程序的流程控制：顺序控制，选择控制，循环控制。

(5)VBA 程序的调试：设置断点，单步跟踪，设置监视点。

考试方式

1.笔试部分：90分钟，满分100分，其中含公共基础知识部分的30分。

2.上机部分：90分钟，满分100分。

上机操作包括：

(1)基本操作题。

(2)简单应用题。

(3)综合应用题。

第2章 笔试考试试题

第1套 笔试考试试题

一、选择题

1.算法的空间复杂度是指（　　）。

A.算法程序的长度 　　　　　　　　　B.算法程序中的指令条数

C.算法程序所占的存储空间 　　　　　D.算法执行过程中所需要的存储空间

2.下列叙述中正确的是（　　）。

A.一个逻辑数据结构只能有一种存储结构

B.逻辑结构属于线性结构,存储结构属于非线性结构

C.一个逻辑数据结构可以有多种存储结构,且各种存储结构不影响数据处理的效率

D.一个逻辑数据结构可以有多种存储结构,且各种存储结构影响数据处理的效率

3.简单的交换排序方法是（　　）。

A.快速排序 　　　　　　　　　　　　B.选择排序

C.堆排序 　　　　　　　　　　　　　D.冒泡排序

4.关于结构化程序设计原则和方法的描述错误的是（　　）。

A.选用的结构只准许有一个入口和一个出口

B.复杂结构应该用嵌套的基本控制结构进行组合嵌套来实现

C.不允许使用 GOTO 语句

D.语言中没有使用控制结构的,应该采用前后一致的方法来模拟

5.相对于数据库系统,文件系统的主要缺陷有数据关联差、数据不一致性和（　　）。

A.可重用性差 　　　　　　　　　　　B.安全性差

C.非持久性 　　　　　　　　　　　　D.冗余性

6.面向对象的设计方法与传统的面向过程的方法有本质不同,它的基本原理是（　　）。

A.强调模拟现实世界中的概念而不强调算法

B.强调模拟现实世界中的算法而不强调概念

C.使用现实世界的概念抽象地思考问题从而自然地解决问题

D.模拟现实世界中不同事物之间的联系

7.对如右图所示的二叉树进行后序遍历,其结果为（　　）。

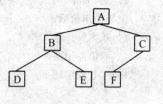

A. ABCDEF 　　　　　　　　　　　　B. DBEAFC

C. ABDECF 　　　　　　　　　　　　D. DEBFCA

8.软件设计包括软件的结构、数据接口和过程设计,其中软件的过程设计是指（　　）。

A.模块间的关系 　　　　　　　　　　B.系统结构部件转换成软件的过程描述

C.软件层次结构 　　　　　　　　　　D.软件开发过程

9.两个或两个以上模块之间关联的紧密程度称为（　　）。

A.耦合度 　　　　　　　　　　　　　B.内聚度

C.复杂度 　　　　　　　　　　　　　D.数据传输特性

10.下列描述错误的是（　　）。

A.继承分为多重继承和单继承

B.对象之间的通信靠传递消息来实现

C. 在外面看不到对象的内部特征是基于对象的"模块独立性好"这个特征

D. 类是具有共同属性、共同方法的对象的集合

11. 下列选项中,错误的是(　　)。

A. Access 具有模块化程序设计的能力

B. Access 不具有程序设计的能力

C. Access 可以使用系统菜单创建数据库应用系统

D. Access 具备面向对象的程序设计能力,并能创建复杂的数据库应用系统

12. "是/否"数据类型通常称之为(　　)。

A. 真/假型　　　　　　　　　　　　　　　B. 对/错型

C. I/O 型　　　　　　　　　　　　　　　　D. 布尔型

13. 邮政编码是由 6 位数字组成的字符串,为邮政编码设置输入掩码,正确的是(　　)。

A. 000000　　　　　　　　　　　　　　　B. 999999

C. CCCCCC　　　　　　　　　　　　　　　D. LLLLLL

14. 在 Access 数据类型中,允许存储内容含字符数最多的是(　　)。

A. 文本数据类型　　　　　　　　　　　　B. 备注数据类型

C. 日期/时间数据类型　　　　　　　　　　D. 自动编号数据类型

15. 在 Access 的数据库中已建立了"Book"表,若查找"图书 ID"是"TP132.54"和"TP138.98"的记录,应在查询设计视图的准则行中输入(　　)。

A. "TP132.54"and"TP138.98"　　　　　　B. NOT("TP132.54","TP138.98")

C. NOT IN("TP132.54","TP138.98")　　　D. IN("TP132.54","TP138.98")

16. 要求主表中没有相关记录时就不能将记录添加到相关表中,则应该在表关系中设置(　　)。

A. 参照完整性　　　　　　　　　　　　　B. 有效性规则

C. 输入掩码　　　　　　　　　　　　　　D. 级联更新相关字段

17. 下列关于查询设计视图"设计网格"中行的作用的叙述,正确的是(　　)。

A. "字段"用于可以在此添加或删除字段名　　B. "总计"用于对查询的字段求和

C. "表"用于字段所在的表或查询的名称　　　D. "条件"用于输入一个准则来限定字段的选择

18. 下列统计函数中不能忽略空值(NULL)的是(　　)。

A. SUM　　　　　　　　　　　　　　　　B. AVG

C. MAX　　　　　　　　　　　　　　　　D. COUNT

19. 如果加载一个窗体,则首先被触发的事件是(　　)。

A. Load 事件　　　　　　　　　　　　　　B. Open 事件

C. Activate 事件　　　　　　　　　　　　D. Unload 事件

20. 在 Access 中建立了学生表,表中有"学号"、"姓名"、"性别"和"入学成绩"字段,执行如下 SQL 命令:

Select 性别,avg(入学成绩) From 学生 Group By 性别

结果显示为(　　)。

A. 计算并显示所有学生的性别和入学成绩的平均值

B. 按性别分组计算并显示性别和入学成绩的平均值

C. 计算并显示所有学生的入学成绩的平均值

D. 按性别分组计算并显示所有学生的入学成绩的平均值

21. 关于交叉表查询,以下说法错误的是(　　)。

A. 交叉表查询可以将数据分为两组显示

B. 两组数据分别显示在表的上部和左边

C. 左边和上部的数据在表中的交叉点可以对表中其他数据进行求和与求平均值的运算

D. 表中交叉点不可以对表中另一组数据进行求平均值和其他计算

22.在关于输入掩码的叙述中,正确的是(　　)。

A.在定义字段的输入掩码时,既可以使用输入掩码向导,也可以直接使用字符

B.定义字段的输入掩码,是为了设置输入时以密码显示

C.输入掩码中的字符"A"表示可以选择输入数字0~9之间的一个数

D.直接使用字符定义输入掩码时不能将字符组合起来

23.如果在报表最后输出某些信息,需要设置的是(　　)。

A.页面页眉

B.页面页脚

C.报表页眉

D.报表页脚

24.SQL 语句不能创建的是(　　)。

A.报表

B.操作查询

C.选择查询

D.数据定义查询

25.不能够使用宏的数据库对象是(　　)。

A.数据表

B.窗体

C.宏

D.报表

26.在下列关于宏和模块的叙述中,正确的是(　　)。

A.模块是能够被程序调用的函数

B.通过定义宏可以选择或更新数据

C.宏或模块都不能是窗体或报表上的事件代码

D.宏可以是独立的数据库对象,可以提供独立的操作动作

27.VBA 程序流程控制的方式是(　　)。

A.顺序控制和分支控制

B.顺序控制和循环控制

C.循环控制和分支控制

D.顺序控制、分支控制和循环控制

28.从字符串 s 中的第 2 个字符开始获得 4 个字符的子字符串函数是(　　)。

A.Mid $ (s,2,4)

B.Left $ (s,2,4)

C.Rigth(s,4)

D.Left $ (s,4)

29.语句 Dim NewArray(10) As Integer 的含义是(　　)。

A.定义了 1 个整型变量且初值为 10

B.定义了 10 个整数构成的数组

C.定义了 11 个整数构成的数组

D.将数组的第 10 个元素设置为整型

30.在 Access 数据库中,如果要处理具有复杂条件或循环结构的操作,则应该使用的对象是(　　)。

A.窗体

B.模块

C.宏

D.报表

31.不属于 VBA 提供的程序运行错误处理的语句结构是(　　)。

A.On Error Then 标号

B.On Error Goto 标号

C.On Error Resume Next

D.On Error Goto 0

32.ADO 的含义是(　　)。

A.开放数据库互连应用编程接口

B.数据库访问对象

C.动态链接库

D.Active 数据对象

33.若要在子过程 Proc1 调用后返回两个变量的结果,下列过程定义语句中有效的是(　　)。

A.Sub Proc1(n,m)

B.Sub Procl(ByVal n,m)

C.Sub Procl(n,ByVal m)

D.Sub Procl(ByVal n，ByVal m)

34.下列 4 种形式的循环设计中,循环次数最少的是(　　)。

A.a＝5:b＝8

Do

a＝a+1

Loop While a＜b

B.a＝5:b＝8

Do

a＝a+1

Loop Until a＜b

< 6 >

C. a＝5；b＝8

  Do Until a＜b

  b＝b＋1

  Loop

D. a＝5；b＝8

  Do Until a＞b

  a＝a＋1

  Loop

35. 在窗体中有一个命令按钮 run1,对应的事件代码如下:

```
Private Sub run1_Enter()
Dim num As Integer
Dim a As Integer
Dim b As Integer
Dim i As Integer
For i＝1 To 10
num＝InputBox("请输入数据:","输入",1)
If Int(num/2)＝num/2 Then
a＝a＋1
Else
b＝b＋1
End If
Next i
MsgBox("运行结果:a＝"＆ Str(a)＆:",b＝"＆ Str(b))
End Sub
```

运行以上事件所完成的功能是(　　)。

A. 对输入的 10 个数据求累加和

B. 对输入的 10 个数据求各自的余数,然后再进行累加

C. 对输入的 10 个数据分别统计有几个是整数,有几个是非整数

D. 对输入的 10 个数据分别统计有几个是奇数,有几个是偶数

二、填空题

1. 数据的独立性分为逻辑独立性与物理独立性。当数据的存储结构改变时,其逻辑结构可以不变,因此,基于逻辑结构的应用程序不必修改,这称为_____。

2. 排序是计算机程序设计中的一种重要操作,常见的排序方法有插入排序、_____和选择排序。

3. 在程序设计阶段应该采取_____和逐步求精的方法,把一个模块的功能逐步分解,细化为一系列具体的步骤,继而用某种程序设计语言写成程序。

4. 某二叉树中,度为 2 的结点有 18 个,则该二叉树中有_____个叶子结点。

5. 算法的基本特征是可行性、确定性、_____和拥有足够的情报。

6. 在 Access 中,要在查找条件中与任意一个数字字符匹配,可使用的通配符是_____。

7. 在学生成绩表中,如果要根据输入的学生姓名查找学生的成绩,需要使用的是_____查询。

8. 数据访问页有两种视图,它们是页视图和_____视图。

9. 分支结构在程序执行时,根据_____选择执行不同的程序语句。

10. 在 VBA 中变体类型的类型标识是_____。

11. 在窗体中有一个名为 Command1 的命令按钮,Click 事件的代码如下:

```
Private Sub Command1_Click()
f＝0
For n＝1 To 10 Step 2
f＝f＋n
Next n
Me！Lb1. Caption＝f
```

End Sub

单击命令按钮后,标签显示的结果是_____。

12.在窗体中有一个名为 Command1 的命令按钮,Click 事件的代码如下(该事件所完成的功能是:接受从键盘输入的 10 个大于 0 的整数,找出其中的最大值和对应的输入位置)。请依据上述功能要求将程序补充完整。

Private Sub Command1_Click()

max＝0

max_n＝0

For i＝1 To 10

num＝Val(InputBox("请输入第"＆ i ＆"个大于 0 的整数:"))

If (num＞max)Then

max＝_____

max_n＝_____

End If

Next i

MsgBox("最大值为第"＆ max_n＆"个输入的"＆ max)

End Sub

13.下列子过程的功能是:将当前数据库文件中"学生表"中的学生"年龄"都加 1。请在程序空白处填写适当的语句,使程序实现所需的功能。

Private Sub SetAgePlus1_Click()

Dim db As Dao. Database

Dim rs As Dao. Recordset

Dim fd As Dao. Field

Set db＝CurrentDb()

Set rs＝－db. OpenRecordset("学生表")

Set fd＝rs. Fields("年龄")

Do While Not rs. EOF

rs. Edit

fd＝_____

rs. Update

_____

Loop

rs. Close

db. Close

Set rs＝Nothing

Set db＝Nothing

End Sub

➡ 第2套 **笔试考试试题**

一、选择题

1. 栈和队列的共同特点是( )。

A. 都是先进先出

B. 都是先进后出

C. 只允许在端点处插入和删除元素

D. 没有共同点

2. 数据的存储结构是指( )。

A. 数据所占的存储空间

B. 数据的逻辑结构在计算机中的存放形式

C. 数据在计算机中的顺序存储方式

D. 存储在计算机外存中的数据

3. 关系数据库管理系统能实现的专门关系运算包括( )。

A. 排序、索引、统计

B. 选择、投影、连接

C. 关联、更新、排序

D. 显示、打印、制表

4. 已知二叉树后序遍历序列是 dabec, 中序遍历序列是 debac, 那么它的前序遍历序列应为( )。

A. acbed

B. decab

C. deabc

D. cedba

5. 在单链表中, 增加头结点的目的是( )。

A. 方便运算的实现

B. 使单链表至少有一个结点

C. 标识表结点中首结点的位置

D. 说明单链表是线性的链式存储实现

6. 设有二元关系 R 和三元关系 S, 下列运算合法的是( )。

A. R∩S

B. R∪S

C. R−S

D. R×S

7. 两个或两个以上模块之间联系的紧密程度称为( )。

A. 耦合性

B. 内聚性

C. 复杂性

D. 数据传输特性

8. 下列关于软件测试的描述中正确的是( )。

A. 软件测试的目的是证明程序是否正确

B. 软件测试的目的是使程序运行结果正确

C. 软件测试的目的是尽可能地多发现程序中的错误

D. 软件测试的目的是使程序符合结构化原则

9. 下列工具中为需求分析常用工具的是( )。

A. PAD

B. PFD

C. N−S

D. DFD

10. 下列特征中不是面向对象方法的主要特征的是( )。

A. 多态性

B. 继承

C. 封装性

D. 模块化

11. 以下不是 Office 应用程序组件的软件是( )。

A. Access

B. Word

C. SQL Server

D. Excel

12. Access 数据库表中的字段可以定义有效性规则, 有效性规则是( )。

A. 文本

B. 数字

C. 条件

D. 以上答案都不正确

13. 一个关系数据库的表中有多条记录, 记录之间的相互关系( )。

A. 前后顺序可以任意颠倒, 不影响库中的数据关系

< 9 >

B. 前后顺序可以任意颠倒,但排列顺序不同,统计处理结果可能不同

C. 前后顺序不可以任意颠倒,一定要按照输入的顺序排列

D. 前后顺序不可以任意颠倒,一定要按照关键字段值的顺序排列

14. 在 Access 中已经建立了"工资"表,表中包括"职工号"、"所在单位"、"基本工资"和"应发工资"等字段,如果要按单位统计应发工资总数,那么在查询设计视图的"所在单位"的"总计"行和"应发工资"的"总计"行中分别选择的是( )。

A. Sum,Group By

B. Count,Group By

C. Group By,Sum

D. Group By,Count

15. 在数据表视图中,不能进行的操作是( )。

A. 修改字段的类型

B. 修改字段的名称

C. 删除一个字段

D. 删除一条记录

16. 如果字段内容为声音文件,则该字段的数据类型应定义为( )。

A. 文本

B. 超链接

C. 备注

D. OLE 对象

17. 假设学生表中有一个"姓名"字段,查找姓"李"的记录的准则是( )。

A. "李"

B. Not"李"

C. Like"李"

D. Left([姓名],1)="李"

18. 如果将所有学生的年龄增加 1 岁,应该使用( )查询。

A. 删除

B. 更新

C. 追加

D. 生成表

19. "教学管理"数据库中有学生表、课程表和选课表,为了有效地反映这 3 张表中数据之间的联系,在创建数据库时应设置( )。

A. 索引

B. 默认值

C. 有效性规则

D. 表之间的关系

20. 下列关于选择查询和操作查询的说法中,错误的是( )。

A. 选择查询是由用户指定查找记录的条件而操作查询不是

B. 选择查询是检查符合特定条件的一级记录

C. 操作查询是对一次查询所得的结果进行操作

D. 操作查询有 4 种:生成表、删除、更新和追加

21. 下列属于不可自动创建窗体的是( )。

A. 纵栏式窗体

B. 表格式窗体

C. 数据透视表窗体

D. 数据表窗体

22. 要求在页面页脚中显示的页码形式为"第 x 页,共 y 页",则页面页脚中的页码的控件来源应该设置为( )。

A. ="第"&[Pages]&"页,共"&[Page]&"页"

B. ="第"&[Page]&"页,共"&[Pages]&"页"

C. ="共"&[Pages]&"页,第"&[Page]&"页"

D. ="共"&[Page]&"页,第"&[Pages]&"页"

23. 在 SQL 查询中使用 WHERE 子句指出的是( )。

A. 查询目标

B. 查询条件

C. 查询视图

D. 查询结果

24. 计算报表中学生年龄的最大值,应把控件源属性设置为( )。

A. =Max(年龄)

B. Max(年龄)

C. =Max([年龄])

D. Max([年龄])

25. 在窗体上画一个命令按钮,名称为 Command1,编写如下事件代码:

```
Private Sub Command1_Click()
Dim a()
a=Array("机床","车床","钻床","轴承")
Print a(2)
```

< 10 >

End Sub

程序运行后,如果单击命令按钮,则在窗体上显示的内容是( )。

A. 机床   B. 车床

C. 钻床   D. 轴承

26. 在 Access 2003 中的数据访问页的扩展名是( )。

A. . MDB   B. . ADP

C. . FRM   D. . HTM

27. 在宏的表达式中要引用报表 repo1 上控件 text1,可以使用的引用式是( )。

A. repo1！text1   B. Forms！text1

C. [Reports]！[repo1]！[text1]   D. Report！text1

28. 下列不属于窗体的格式属性的是( )。

A. 记录选定器   B. 记录源

C. 分隔线   D. 浏览按钮

29. 下列可以得到"4*5=20"结果的 VBA 表达式是( )。

A. "4*5"&"="&4*5   B. "4*5"+"="+4*5

C. 4*5&"="&4*5   D. 4*5+"="+4*5

30. 在窗体上添加一个名称为 Command1 的命令按钮,然后编写如下事件代码:

Private Sub Command1_Click()

A=75

If a<60 Then x=1

If a<70 Then x=2

If a<80 Then x=3

If a<90 Then x=4

MsgBox x

End Sub

运行窗体,单击命令按钮,则消息框的输出结果是( )。

A. 1   B. 2   C. 3   D. 4

31. 假设有以下程序段:

n=0

For i=1 To 3

For j=-3 To 1

n=n+1

Next j

Next i

程序运行后 n 的值为( )。

A. 3   B. 4   C. 12   D. 15

32. VBA 程序流程控制的方式有( )3种。

A. 顺序控制、选择控制和条件控制   B. 循环控制、条件控制和选择控制

C. 顺序控制、分支控制和循环控制   D. 选择控制、循环控制和顺序控制

33. 在窗体中有一个命令按钮 Command1,对应的事件代码如下:

Private Sub Command1_Enter()

Dim num As Integer

Dim a As Integer

Dim b As Integer

Dim i As Integer

< 11 >

```
For I=1 To 10
Num=InputBox("请输入数据：","输入",1)
If Int(num/2)=num/2 Then
a=a+1
Else
b=b+1
End If
Next i
MsgBox("运行结果：a="& Str(a) &";,b="& Str(b))
End Sub
```

运行以上事件所完成的功能是（　　）。

A. 对输入的 10 个数据求累加和

B. 对输入的 10 个数据求各自的余数，然后再进行累加

C. 对输入的 10 个数据分别统计有几个是整数，有几个是非整数

D. 对输入的 10 个数据分别统计有几个是奇数，有几个是偶数

34. 在 VBA 中，如果没有声明或用符号来定义变量的数据类型，变量的数据类型为（　　）。

A. Variant   B. Int

C. Boolean   D. String

35. 在窗体上中一个命令按钮 Command1，编写如下事件代码：

```
Private Sub Command1_Click()
s="ABBACDDCBA"
For i=6 To 2 Step -2
x=Mid(s,i,i)
y=Left(s,i)
z=Right(s,i)
z=x&y&z
Next i
MsgBox z
End Sub
```

运行窗体后，单击命令按钮，则消息框输出的结果是（　　）。

A. AABAAB　　　　B. ABBABA　　　　C. BABBAB　　　　D. BBABBA

二、填空题

1. 在一个容量为 32 的循环队列中，若头指针 front=3，尾指针 rear=2，则该循环队列中共有_____个元素。

2. 一棵二叉树第 6 层（根结点为第一层）的结点最多为_____个。

3. 软件生命周期分为软件定义期、软件开发期和软件维护期，详细设计属于_____中的一个阶段。

4. 数据库管理系统常见的数据模型有层次模型、网状模型和_____3 种。

5. 在面向对象的程序设计中，类描述的是具有相似性质的一组_____。

6. 创建交叉表查询时，必须对行标题和_____进行分组操作。

7. 结合型文本框可以从表、查询或_____中获得所需的内容。

8. 在名为"Form1"的窗体上添加 3 个文本框（Text1、Text2 和 Text3）和 1 个命令按钮 Command1，编写如下事件过程：

```
Private Sub Command1_Click()
    Text3=Text1+Text2
End Sub
```

打开窗体 Form1 后，在 Text1 和 Text2 中分别输入 5 和 10，然后单击命令按钮 Command1，则 Text3 中显示的内容为_____。

9. VBA 中使用的 3 种选择函数是 IIf、Switch 和_____。

10. 在表格式窗体、纵栏式窗体和数据表窗体中,其中显示记录按列分隔,每列的左边显示字段名,右边显示字段内容的窗体是_____。

11. 下列程序的功能是单击窗体时在消息框中输出 1000 以内能同时被 3、5、7 整除的整数,请补充完整此程序:

```
Pvivate Sub Form_Click()
Sum=0
For i=1 To 1000
If _____ Then
sum=sum+i
End If
Next i
MsgBox sum
End Sub
```

12. 在窗体上添加一个名称为 Command1 的命令按钮,编写如下代码:

```
Private Sub f(ByVal x As Integer)
x=x+4
End Sub
Pvivate Sub Command1_Click()
i=3
Call f(i)
If i>4 Then i=i*2
MsgBox i
End Sub
```

运行窗体后,单击命令按钮,则消息框的输出结果为_____。

13. 下面程序段执行后消息框的输出结果是_____。

```
a=12345
Do
a=a\10
b=a Mod 10
Loop While b>=3
MsgBox a
```

14. 现有一个登录窗体如下图所示。打开窗体后输入用户名和密码,登录操作要求在 20 秒内完成,如果在 20 秒内没有完成登录操作,则倒计时达到 0 秒时自动关闭本窗体,窗体的右上角是显示倒计时的标签 labtime。事件代码如下,请填空。

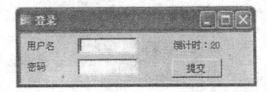

```
Dim flag As Boolean
Dim i As Integer
Private Sub Form_Load()
flag=_____
Me.TimerInterval=1000
i=0
End Sub
```

< 13 >

```
Private Sub Form_Timer()
If flag = True And i<20 Then
Me！labtime. Caption＝20－i
i＝_____
Else
DoCmd. Close
End If
End Sub
Private Sub OK_Click()
登录程序略
如果用户名和密码输入正确,则:falg＝False
End Sub
```

第3套 笔试考试试题

一、选择题

1. 线性表常采用的两种存储结构是(   )。

A. 顺序存储结构和链式存储结构　　　　　B. 散列方法和索引方式

C. 链表存储结构和数组　　　　　　　　　D. 线性存储结构和非线性存储结构

2. 结构化程序设计主要强调的是(   )。

A. 程序的规模　　　　　　　　　　　　　B. 程序的效率

C. 程序设计语言的先进性　　　　　　　　D. 程序的易读性

3. 在面向对象方法中,(   )描述的是具有相似属性与操作的一组对象。

A. 属性　　　　　　　　　　　　　　　　B. 事件

C. 方法　　　　　　　　　　　　　　　　D. 类

4. 有下列二叉树,对此二叉树前序遍历的结果为(   )。

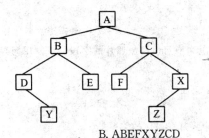

A. ACFXDBEYZ　　　　　　　　　　　　B. ABEFXYZCD

C. ABCDEFXYZ　　　　　　　　　　　　D. ABDYECFXZ

5. C语言的基本单位是(   )。

A. 函数　　　　　　　　　　　　　　　　B. 过程

C. 子程序　　　　　　　　　　　　　　　D. 子函数

6. 算法分析的目的是(   )。

A. 找出数据结构的合理性　　　　　　　　B. 找出算法中输入和输出之间的关系

C. 分析算法的易懂性和可靠性　　　　　　D. 分析算法的效率以求改进

7. 用链表表示线性表的优点是(   )。

A. 便于随机存取　　　　　　　　　　　　B. 花费的存储空间较顺序存储少

C. 便于插入和删除操作　　　　　　　　　D. 数据元素的物理顺序与逻辑顺序相同

8. 数据独立性是数据库技术的重要特点之一。所谓数据独立性是指(   )。

A. 数据与程序独立存放

B. 不同的数据被存放在不同的文件中

C. 不同的数据只能被对应的应用程序所使用

D. 以上3种说法都不对

9. 下列描述中正确的是(   )。

A. 软件工程只是解决软件项目的管理问题

B. 软件工程主要解决软件产品的生产率问题

C. 软件工程的主要思想是强调在软件开发过程中需要应用工程化原则

D. 软件工程只是解决软件开发过程中的技术问题

10. 对关系S和R进行集合运算,结果中既包含S中的所有元组也包含R中的所有元组,这样的集合运算称为(   )。

A. 并运算　　　　　　　　　　　　　　　B. 交运算

C. 差运算　　　　　　　　　　　　　　　D. 积运算

< 15 >

11. 在"student"表中,"姓名"字段的字段大小为10,则在此列输入数据时,最多可输入的汉字数和英文字符数分别是(　　)。

A. 5　5　　　　　　　　　　　　　　　　B. 10　10

C. 5　10　　　　　　　　　　　　　　　　D. 10　20

12. Access 数据库具有很多特点,下列叙述中,属于 Access 特点的是(　　)。

A. Access 数据库可以保存多种数据类型,但是不包括多媒体数据

B. Access 可以通过编写应用程序来操作数据库中的数据

C. Access 不能支持 Internet/Intranet 应用

D. Access 作为网状数据库模型支持 C/S 应用系统

13. 在关系运算中,选择运算的含义是(　　)。

A. 在基本表中选择满足条件的记录组成一个新的关系

B. 在基本表中选择需要的字段组成一个新的关系

C. 在基本表中选择满足条件的记录和属性组成一个新的关系

D. 以上说法均正确

14. 在教师表中,如果要找出职称为"教授"的教师,所采用的关系运算是(　　)。

A. 选择　　　　　　　　　　　　　　　　B. 投影

C. 连接　　　　　　　　　　　　　　　　D. 自然连接

15. 在 Access 中已建立了"学生"表,其中有可以存放照片的字段。在使用向导为该表创建窗体时,"照片"字段所使用的默认控件是(　　)。

A. 图像框　　　　　　　　　　　　　　　B. 图片框

C. 非绑定对象框　　　　　　　　　　　　D. 绑定对象框

16. 在学校中,教师的"职称"与教师个人"职工号"的关系是(　　)。

A. 一对一联系　　　　　　　　　　　　　B. 一对多联系

C. 多对多联系　　　　　　　　　　　　　D. 无联系

17. 下列 SQL 语句中,(　　)语句用于创建表。

A. CREATE TABLE　　　　　　　　　　　B. CREATE INDEX

C. ALTER TABLE　　　　　　　　　　　　D. DROP

18. 代表必须输入字母(A～Z)的输入掩码是(　　)。

A. 9　　　　　　　　　　　　　　　　　　B. L

C. #　　　　　　　　　　　　　　　　　　D. C

19. 建立一个基于学生表的查询,要查找出生日期(数据类型为日期/时间型)在 2008－01－01 和 2008－12－31 间的学生,在出生日期对应列的准则行中应输入的表达式是(　　)。

A. Between 2008－01－01 And 2008－12－31

B. Between #2008－01－01# And #2008－12－31#

C. Between 2008－01－01 Or 2008－12－31

D. Between #2008－01－01# Or #2008－12－31#

20. 在"Access"的数据库中已建立了"BOOK"表,若查找"图书 ID"是"TP132.54"和"TP138.98"的记录,应在查询设计视图的条件行中输入(　　)。

A. "TP132.54"and"TP138.98"　　　　　　　B. NOT("TP132.54","TP138.98")

C. NOT IN("TP132.54","TP138.98")　　　　D. IN("TP132.54","TP138.98")

21. 下列关于字段属性的叙述中,正确的是(　　)。

A. 格式和输入是一样的

B. 可以对任意类型的字段使用向导设置输入掩码

C. 有效性规则属性是用于限制此字段输入值的表达式

D. 有效性规则和输入掩码是一样的

< 16 >

22. 在窗体上,设置控件Command1为不可见的属性是( )。

A. Command1. Name

B. Command1. Caption

C. Command1. Enabled

D. Command1. Visible

23. 如果加载一个窗体,被触发的事件是( )。

A. Load 事件

B. Open 事件

C. Activate 事件

D. Unload 事件

24. 能被"对象所识别的动作"和"对象可执行的活动"分别称为对象的( )。

A. 事件和方法

B. 方法和事件

C. 事件和属性

D. 方法和属性

25. 将 Access 数据库中的数据发布在 Internet 网络上可以通过( )。

A. 查询

B. 窗体

C. 报表

D. 数据访问页

26. 宏操作中用于执行指定的外部应用程序的是( )命令。

A. RunSQL

B. RunApp

C. Requery

D. Restore

27. 用于从其他数据库导入和导出数据的宏命令是( )。

A. TransferText

B. TransferValue

C. TransferData

D. TransferDatabase

28. 以下关于 VBA 运算符的优先级按从大到小排序,正确的是( )。

A. 算术运算符 逻辑运算符 连接运算符

B. 逻辑运算符 关系运算符 算术运算符

C. 算术运算符 关系运算符 逻辑运算符

D. 连接运算符 逻辑运算符 算术运算符

29. 下列可作为 VBA 变量名的是( )。

A. a&b

B. a? b

C. 4a

D. const

30. 在窗体中有一个标签 Lable1,标题为"测试进行中",有一个命令按钮 Command1,事件代码如下:

```
Prviate Sub Command1_Click()
Lable1. Caption＝"标签"
End Sub
Private Sub Form_Load()
Form. Caption＝"举例"
Command1. Caption＝"移动"
End Sub
```

打开窗体后,单击命令按钮,屏幕显示( )。

A.

B.

C.

D.

31. 下列不是分支结构的语句是( )。

A. If…Then…EndIf

B. While…Wend

C. If…Then…Else…EndIf

D. Select…Case…End Select

< 17 >

32. 执行下列语句段后 y 的值是(　　　)。

x＝3.14

y＝Len(Str $ (x)＋Space(6))

A. 5　　　　　　　　B. 9　　　　　　　　C. 10　　　　　　　　D. 11

33. 在窗体中添加一个名称为 Command1 的命令按钮,编写如下事件代码:

Private Sub Command1_Click()

a＝75

If a＞60 Then

g＝1

Else If a＞70 Then

g＝2

Else If a＞80 Then

g＝3

Else If a＞90 Then

g＝4

End If

MsgBox g

End Sub

窗体打开运行后,单击命令按钮,则消息框的输出结果是(　　　)。

A. 1　　　　　　　　B. 2　　　　　　　　C. 3　　　　　　　　D. 4

34. 下列对象不属于 ADO 对象模型的是(　　　)。

A. Connection　　　　　　　　　　　　B. Workspace

C. RecordSet　　　　　　　　　　　　D. Command

35. 在窗体中添加一个名称为 Command1 的命令按钮,然后编写如下程序:

Public x As Integer

Private Sub Command1_Click()

x＝10

Call s1

Call s2

MsgBox x

End Sub

Private Sub s1()

x＝x＋20

End Sub

Private Sub s2()

Dim x As Integer

x＝x＋20

End Sub

窗体打开运行后,单击命令按钮,则消息框的输出结果为(　　　)。

A. 10　　　　　　　　B. 30　　　　　　　　C. 40　　　　　　　　D. 50

二、填空题

1. 在结构化设计方法中,数据流图表达了问题中的数据流与加工间的关系,并且每一个_____实际上对应一个处理模块。

2. 二分法查找仅限于这样的表:表中的数据元素必须有序,其存储结构必须是_____。

3. 数据库系统中实现各种数据管理功能的核心软件是_____。

4.排序是计算机程序设计中的一种重要操作,常见的排序方法有插人排序、_____和选择排序。

5.数据模型按不同应用层次分成3种类型,它们是概念数据模型、_____和物理数据模型。

6.如果要将某表中的记录删除,应该创建_____查询。

7.在报表设计,可以通过添加_____控件来控制另起一页输出显示。

8.二维表中的列称为关系的_____。

9.执行下列程序段后,变量 c 的值为_____。

a＝"Visual Basic Programming"

b＝"Quick"

c＝b&Ucase(Mid(a,7,6)&Right(a,12))

10.有一个 VBA 计算程序的功能如下:该程序用户界面由 4 个文本框(T1、T2、T3 和 T4)和 3 个按钮(C1、C2 和 C3)分别显示为清除、计算和退出。运行窗体后,单击"清除"按钮,则清除所有文本框中显示的内容;单击"计算"按钮,则计算在 T1、T2 和 T3 这 3 个文本框中输人的 3 个数字的和并将结果存放在名为 T4 的文本框中;单击"退出"按钮则退出程序。请将下列程序补充完整。

```
Private Sub C1_Click()
Me! T1＝""
Me! T2＝""
Me! T3＝""
Me! T4＝""
End Sub
Private Sub C2_Click()
If Me! T1＝""Or Me! T2＝""Or Me! T3＝""Then
MsgBox"三个文本框都要输入值! "
_____
Me! T4＝(Val(Me! T1)＋ Val(Me! T2)＋_____)
End If
End Sub
Private Sub C3_Click()
Docmd. _____
End Sub
```

11.在 n 个运动员中选出任意 r 个人参加比赛,有很多种不同的选法,选法的个数可以用公式:计算,在窗体上设计 3 个文本框,名称依次是 Text1 、Text2 和 Text3 文本框中,请填空。

```
Private Sub Command1_Click()
Dim r As Integer,n As Integer
n＝Text1
r＝Text2
Text3＝fun(n)/(_____)/fun(r)
End Sub
Function fun(n As Integer)As long
Dim t As Long
_____
For k＝1 To n
T＝t * k
Next k
Fun＝t
End Function
```

12. 在窗体中添加一个命令按钮 Command1 和一个文本框 Text1,编写如下代码:

```
Private Sub Command1_Click()
Dim x As Integer,y As Integer,z As Integer
a=5,b=10,c=0
Me! Text1=""
Call p1(a,b,c)
Me! Text1=c
End Sub
Sub p1(x As Integer,y As Integer,z As Integer)
z=x+y
End Sub
```

程序运行后,文本框中应显示的内容为_____。

< 20 >

第4套 笔试考试试题

一、选择题

1. 下列选项中不符合良好程序设计风格的是( )。

A. 源程序要文档化 　　　　　　　　　　B. 数据说明的次序要规范化

C. 避免滥用 goto 语句 　　　　　　　　　D. 模块设计要保证高耦合、高内聚

2. 从工程管理角度看,软件设计一般分为两步完成,它们是( )。

A. 概要设计与详细设计 　　　　　　　　　B. 数据设计与接口设计

C. 软件结构设计与数据设计 　　　　　　　D. 过程设计与数据设计

3. 下列选项中不属于软件生命周期开发阶段任务的是( )。

A. 软件测试 　　　　　　　　　　　　　　B. 概要设计

C. 软件维护 　　　　　　　　　　　　　　D. 详细设计

4. 在数据库系统中,用户所见的数据模式为( )。

A. 概念模式 　　　　　　　　　　　　　　B. 外模式

C. 内模式 　　　　　　　　　　　　　　　D. 物理模式

5. 数据库设计的4个阶段是:需求分析、概念设计、逻辑设计和( )。

A. 编码设计 　　　　　　　　　　　　　　B. 测试阶段

C. 运行阶段 　　　　　　　　　　　　　　D. 物理设计

6. 设有如下3个关系表:

R		S			T		
A		B	C		A	B	C
m		1	3		m	1	3
n					n	1	3

下列操作中正确的是( )。

A. T=R∩S 　　　　　　　　　　　　　　B. T=R∪S

C. T=R×S 　　　　　　　　　　　　　　D. T=R/S

7. 下列描述中正确的是( )。

A. 一个算法的空间复杂度大,则其时间复杂度也必定大

B. 一个算法的空间复杂度大,则其时间复杂度必定小

C. 一个算法的时间复杂度大,则其空间复杂度必定小

D. 上述三种说法都不对

8. 在长度为64的有序线性表中进行顺序查找,最坏情况下需要比较的次数为( )。

A. 63 　　　　　　　　　　　　　　　　　B. 64

C. 6 　　　　　　　　　　　　　　　　　　D. 7

9. 数据库技术的根本目标是要解决数据的( )。

A. 存储问题 　　　　　　　　　　　　　　B. 共享问题

C. 安全问题 　　　　　　　　　　　　　　D. 保护问题

10. 对下列二叉树进行中序遍历的结果是( )。

A. ACBDFEG 　　　　　　　　　　　　　B. ACBDFGE

C. ABDCGEF 　　　　　　　　　　　　　D. FCADBEG

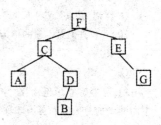

< 21 >

11. 下列实体的联系中,属于多对多联系的是(　　)。

A. 学生与课程　　　　　　　　　　　　B. 学校与校长

C. 住院的病人与病床　　　　　　　　　D. 职工与工资

12. 在关系运算中,投影运算的含义是(　　)。

A. 在基本表中选择满足条件的记录组成一个新的关系

B. 在基本表中选择需要的字段(属性)组成一个新的关系

C. 在基本表中选择满足条件的记录和属性组成一个新的关系

D. 上述说法均是正确的

13. SQL 的含义是(　　)。

A. 结构化查询语言　　　　　　　　　　B. 数据定义语言

C. 数据库查询语言　　　　　　　　　　D. 数据库操纵与控制语言

14. 下列关于 Access 表的叙述中,正确的是(　　)。

A. 表一般包含一到两个主题的信息

B. 表的数据表视图只用于显示数据

C. 表设计视图的主要工作是设计表的结构

D. 在表的数据表视图中,不能修改字段名称

15. 在 SQL 的 SELECT 语句中,用于实现选择运算的是(　　)。

A. FOR　　　　　　　　　　　　　　　B. WHILE

C. IF　　　　　　　　　　　　　　　　D. WHERE

16. 下列关于空值的叙述中,错误的是(　　)。

A. 空值表示字段还没有确定值　　　　　B. Access 使用 NULL,来表示空值

C. 空值等同于空字符串　　　　　　　　D. 空值不等于数值 0

17. 使用表设计器定义表中字段时,不是必须设置的内容是(　　)。

A. 字段名称　　　　　　　　　　　　　B. 数据类型

C. 说明　　　　　　　　　　　　　　　D. 字段属性

18. 如果想在已建立的"tSalary"表的数据表视图中直接显示出姓"李"的记录,应使用 Access 提供的(　　)。

A. 筛选功能　　　　　　　　　　　　　B. 排序功能

C. 查询功能　　　　　　　　　　　　　D. 报表功能

19. 下面显示的是查询设计视图的"设计网络"部分:

从所显示的内容中可以判断出该查询要查找的是(　　)。

A. 性别为"女"并且 1980 年以前参加工作的记录

B. 性别为"女"并且 1980 年以后参加工作的记录

C. 性别为"女"或者 1980 年以前参加工作的记录

D. 性别为"女"或者 1980 年以后参加工作的记录

20. 若要查询某字段的值为"JSJ"的记录,在查询设计视图对应字段的准则中,正确的是表达式是(　　)。

A. JSJ　　　　　　　　　　　　　　　B. "JSJ"

C. " * JSJ"　　　　　　　　　　　　　D. Like"JSJ"

21. 已经建立了包含"姓名"、"性别"、"系别"和"职称"等字段的"tEmployee"表。若以此表为数据源创建查询,计算各系不同性别的总人数和各类职称人数,并显示如下图所示的结果。

教师统计 ：交叉表查询

系别	性别	总人数	副教授	讲师	教授
管理工程	男	8	3	3	2
管理工程	女	4	1	3	
经济	男	7	2	3	2
经济	女	8	5		3
统计	男	5	1	2	2
统计	女	2	1	1	
信息	男	4	1	3	
信息	女	3	2	1	

记录：7 共有记录数：8

正确的设计是（   ）。

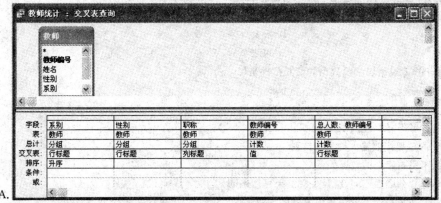

A.

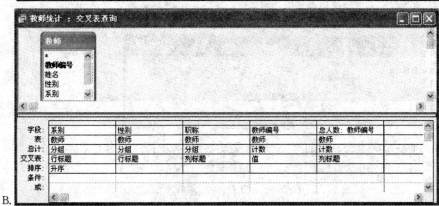

B.

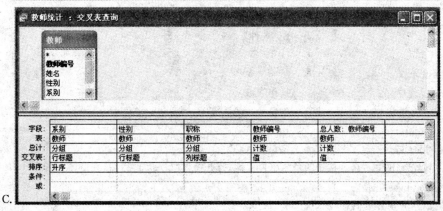

C.

< 23 >

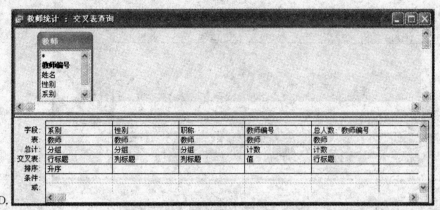

D.

22. 若要在报表每一页底部都输出信息，需要设置的是（　　）。

A. 页面页脚　　　　　　　　　　　　　　B. 报表页脚

C. 页面页眉　　　　　　　　　　　　　　D. 报表页眉

23. 在 Access 数据库中，用于输入或编辑字段数据的交互控件是（　　）。

A. 文本框　　　　　　　　　　　　　　　B. 标签

C. 复选框　　　　　　　　　　　　　　　D. 组合框

24. 一个关系数据库的表中有多条记录，记录之间的相互关系是（　　）。

A. 前后顺序不能任意颠倒，一定要按照输入的顺序排列

B. 前后顺序可以任意颠倒，不影响库中的数据关系

C. 前后顺序可以任意颠倒，但排列顺序不同，统计处理结果可能不同

D. 前后顺序不能任意颠倒，一定要按照关键字段值的顺序排列

25. 在已建雇员表中有"工作日期"字段，下图所示的是以此表为数据源创建的"雇员基本信息"窗体。

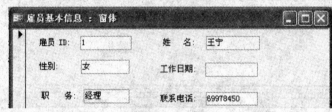

假设当前雇员的工作日期为"1998－08－17"，若在窗体"工作日期"标签右侧文本框控件的"控件来源"属性中输入表达式"＝Str(Month([工作日期]))＋"月""，则在该文本框控件内显示的结果是（　　）。

A. Str(Month(Date()))＋"月"　　　　　　B. "08"＋"月"

C. 08 月　　　　　　　　　　　　　　　D. 8 月

26. 在宏的调试中，可配合使用设计器上的工具按钮（　　）。

A. "调试"　　　　　　　　　　　　　　　B. "条件"

C. "单步"　　　　　　　　　　　　　　　D. "运行"

27. 以下是宏 m 的操作序列设计：

条件	操作序列	操作参数
	MsgBox	消息为"AA"
[tt]>1	MsgBox	消息为"BB"
…	MsgBox	消息为"CC"

现设置宏 m 为窗体"fTest"上名为"bTest"命令按钮的单击事件属性，打开窗体"fTest"运行后，在窗体上名为"tt"的文本框内输入数字 1，然后单击命令按钮 bTest，则（　　）。

A. 屏幕会先后弹出三个消息框，分别显示消息"AA"、"BB"、"CC"

B. 屏幕会弹出一个消息框，显示消息"AA"

C. 屏幕会先后弹出两个消息框，分别显示消息"AA"和"BB"

< 24 >

D. 屏幕会先后弹出两个消息框,分别显示消息"AA"和"CC"

28. 在窗体中添加了一个文本框和一个命令按钮(名称分别为 tText 和 bCommand),并编写了相应的事件过程。运行此窗体后,在文本框中输入一个字符,则命令按钮上的标题变为"计算机等级考试"。以下能实现上述操作的事件过程是(   )。

A. Private Sub bCommmand_Click()
   Caption="计算机等级考试"
   End Sub

B. Private Sub tText_Click()
   BCommand.Caption="计算机等级考试"
   End Sub

C. Private Sub bCommmand_Change()
   Caption="计算机等级考试"
   End Sub

D. Private Sub tText_Change()
   BCommand.Caption="计算机等级考试"
   End Sub

29. Sub 过程与 Function 过程最根本的区别是(   )。

A. Sub 过程的过程名不能返回值,而 Function 过程能通过过程名返回值

B. Sub 过程可以使用 Call 语句或直接使用过程名调用,而 Function 过程不可以

C. 两种过程参数的传递方式不同

D. Function 过程可以有参数,Sub 过程不可以

30. 在窗体中添加一个命令按钮(名称为 Command1),然后编写如下代码:

```
Private Sub Command1_Click()
    a=0:b=5:c=6
    MsgBox a=b+c
End Sub
```

窗体打开运行后,如果单击命令按钮,则消息框的输出结果为(   )。

A. 11   B. a=11   C. 0   D. False

31. 在窗体中添加一个名称为 Command1 的命令按钮,然后编写如下事件代码:

```
Private Sub Command1_Click()
    Dim a(10,10)
    For m=2 To 4
      For n=4 To 5
        a(m,n)=m*n
      Next n
    Next m
    MsgBox a(2,5)+a(3,4)+a(4,5)
End Sub
```

窗体打开运行后,单击命令按钮,则消息框的输出结果是(   )。

A. 22   B. 32   C. 42   D. 52

32. 在窗体上添加一个命令按钮(名为 Command1)和一个文本框(名为 Text1),并在命令按钮中编写如下事件代码:

```
Private Sub Command1_Click()
    m=2.17
    n=Len(Str $ (m)+Space(5))
    Me! Text1=n
End Sub
```

打开窗体运行后,单击命令按钮,在文本框中显示(   )。

A. 5   B. 8   C. 9   D. 10

33. 在窗体中添加一个名称为 Command1 的命令按钮,然后编写如下事件代码:

```
Private Sub Command1_Click()
    A=75
    If A>60 Then I=1
```

```
    If A>70 Then I=2
    If A>80 Then I=3
    If A>90 Then I=4
    MsgBox I
End Sub
```

窗体打开运行后,单击命令按钮,则消息框的输出结果是(　　)。

A. 1　　　　　　　　B. 2　　　　　　　　C. 3　　　　　　　　D. 4

34. 在窗体中添加一个名称为Command1的命令按钮,然后编写如下事件代码:

```
Private Sub Command1_Click()
    s="ABBACDDCBA"
    For i=6 To 2 Step -2
        x=Mid(s,i,i)
        y=Left(s,i)
        z=Right(s,i)
        z=X & Y & Z
    Next i
    MsgBox Z
End Sub
```

窗体打开运行后,单击命令按钮,则消息框的输出结果是(　　)。

A. AABAAB　　　　　B. ABBABA　　　　　C. BABBAB　　　　　D. BBABBA

35. 在窗体中添加一个名称为Command1的命令按钮,然后编写如下程序:

```
Public x As Integer
Private Sub Command1_Click()
    x=10
    Call s1
    Call s2
    MsgBox x
End Sub
Private Sub s1()
    x=x+20
End Sub
Private Sub s2()
    Dim x As Integer
    x=x+20
End Sub
```

窗体打开运行后,单击命令按钮,则消息框的输出结果为(　　)。

A. 10　　　　　　　　B. 30　　　　　　　　C. 40　　　　　　　　D. 50

二、填空题

1. 下列软件系统结构图的宽度为_____。

2. _____的任务是诊断和改正程序中的错误。

3. 一个关系表的行称为_____。

4. 按"先进后出"原则组织数据的数据结构是_____。

5. 数据结构分为线性结构和非线性结构,带链的队列属于_____。

6. Access数据库中,如果在窗体上输入的数据总是取自表或查询中的字段数据,或者取自某固定内容的数据,可以使用_____控件来完成。

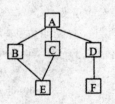

< 26 >

7.某窗体中有一命令按钮,在窗体视图中单击此命令按钮打开一个报表,需要执行的宏操作是_____。

8.在数据表视图下向表中输入数据,在未输入数值之前,系统自动提供的数值字段的属性是_____。

9.某窗体中有一命令按钮,名称为 C1。要求在窗体视图中单击此命令按钮后,命令按钮上显示的文字颜色变为棕色(棕色代码为128),实现该操作的 VBA 语句是_____。

10.如果要将某表中的若干记录删除,应该创建_____查询。

11.在窗体中添加一个命令按钮(名称为 Command1),然后编写如下代码:

```
Private Sub Command 1_Click()
    Static b As Integer
    b=b+1
EndSub
```

窗体打开运行后,3次单击命令按钮后,变量 b 的值是_____。

12.在窗体上有一个文本框控件,名称为 Text1。同时,窗体加载时将设置计时器间隔为1秒,计时器触发事件过程实现在 Text1 文本框中动态显示当前日期和时间。请将以下程序补充完整。

```
Private Sub Form_Load()
    Me. TimerInterval=1000
End Sub
Private Sub _____
    Me! text1=Now()
End Sub
```

13.实现数据库操作的 DAO 技术,其模型采用的是层次结构,其中处于最顶层的对象是_____。

14.下面 VBA 程序段运行时,内层循环的循环总次数是_____。

```
For m=0 To 7 step 3
    For n=m-1 To m+1
    Next n
Next m
```

15.在窗体上添加一个命令按钮(名为 Command1),然后编写如下事件过程:

```
Private Sub Command1_Click
    Dim b,k
    For k=1 to 6
        b=23+k
    Next k
    MsgBox b+k
End Sub
```

打开窗体后,单击命令按钮,消息框的输出结果是_____。

第5套 笔试考试试题

一、选择题

1. 下列描述中正确的是（　　）。

A. 算法的效率只与问题的规模有关,而与数据的存储结构无关

B. 算法的时间复杂度是指执行算法所需要的计算工作量

C. 数据的逻辑结构与存储结构是一一对应的

D. 算法的时间复杂度与空间复杂度一定相关

2. 在结构化程序设计中,模块划分的原则是（　　）。

A. 各模块应包括尽量多的功能　　　　　　　　B. 各模块的规模应尽量大

C. 各模块之间的联系应尽量紧密　　　　　　　D. 模块内具有高内聚度、模块间具有低耦合度

3. 下列描述中正确的是（　　）。

A. 软件测试的主要目的是发现程序中的错误

B. 软件测试的主要目的是确定程序中错误的位置

C. 为了提高软件测试的效率,最好由程序编制者自己来完成软件测试的工作

D. 软件测试就是证明软件没有错误

4. 下列选项中不属于面向对象程序设计特征的是（　　）。

A. 继承性　　　　　　　　　　　　　　　　　　B. 多态性

C. 类比性　　　　　　　　　　　　　　　　　　D. 封装性

5. 下列对队列的描述中正确的是（　　）。

A. 队列属于非线性表　　　　　　　　　　　　B. 队列按"先进后出"的原则组织数据

C. 队列在队尾删除数据　　　　　　　　　　　D. 队列按"先进先出"的原则组织数据

6. 对下列二叉树进行前序遍历的结果为（　　）。

A. DYBEAFCZX　　　　　　　　　　　　　　　B. YDEBFZXCA

C. ABDYECFXZ　　　　　　　　　　　　　　　D. ABCDEFXYZ

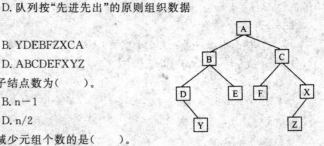

7. 某二叉树中有 n 个度为 2 的结点,则该二叉树中的叶子结点数为（　　）。

A. $n+1$　　　　　　　　　　　　　　　　　　B. $n-1$

C. $2n$　　　　　　　　　　　　　　　　　　　D. $n/2$

8. 在下列关系运算中,不改变关系表中的属性个数但能减少元组个数的是（　　）。

A. 并　　　　　　　　　　　　　　　　　　　　B. 交

C. 投影　　　　　　　　　　　　　　　　　　　D. 笛卡儿积

9. 在 E−R 图中,用来表示实体之间联系的图形是（　　）。

A. 矩形　　　　　　　　　　　　　　　　　　　B. 椭圆形

C. 菱形　　　　　　　　　　　　　　　　　　　D. 平行四边形

10. 下列描述中错误的是（　　）。

A. 在数据库系统中,数据的物理结构必须与逻辑结构一致

B. 数据库技术的根本目标是要解决数据的共享问题

C. 数据库设计是指在已有数据库管理系统的基础上建立数据库

D. 数据库系统需要操作系统的支持

11. 在关系数据库中,能够唯一地标识一个记录的属性或属性的组合,称为（　　）。

A. 关键字　　　　　　　　　　　　　　　　　　B. 属性

C. 关系　　　　　　　　　　　　　　　　　　　D. 域

12. 在现实世界中,每个人都有自己的出生地,实体"人"与实体"出生地"之间的联系是( )。

    A. 一对一联系   B. 一对多联系

    C. 多对多联系   D. 无联系

13. Access 数据库具有很多特点,下列叙述中,不是 Access 特点的是( )。

    A. Access 数据库可以保存多种数据类型,包括多媒体数据

    B. Access 可以通过编写应用程序来操作数据库中的数据

    C. Access 可以支持 Internet/Intranet 应用

    D. Access 作为网状数据库模型支持客户机/服务器应用系统

14. 在关系运算中,选择运算的含义是( )。

    A. 在基本表中,选择满足条件的元组组成一个新的关系

    B. 在基本表中,选择需要的属性组成一个新的关系

    C. 在基本表中,选择满足条件的元组和属性组成一个新的关系

    D. 以上 3 种说法都是正确的

15. 邮政编码是由 6 位数字组成的字符串,为邮政编码设置输入掩码,正确的是( )。

    A. 000000   B. 999999

    C. CCCCCC   D. LLLLLL

16. 如果字段内容为声音文件,则该字段的数据类型应定义为( )。

    A. 文本   B. 备注

    C. 超级链接   D. OLE 对象

17. 要求主表中没有相关记录时就不能将记录添加到相关表中,则应该在表关系中设置( )。

    A. 参照完整性   B. 有效性规则

    C. 输入掩码   D. 级联更新相关字段

18. 在 Access 中已经建立了"工资"表,表中包括"职工号"、"所在单位"、"基本工资"和"应发工资"等字段,如果要按单位统计应发工资总数,那么在查询设计视图"所在单位"的"总计"行和"应发工资"的"总计"行中分别选择的是( )。

    A. Sum,Group By   B. Count,Group By

    C. Group By,Sum   D. Group By,Count

19. 在创建交叉表查询时,列标题字段的值显示在交叉表中的位置是( )。

    A. 第一行   B. 第一列

    C. 上面若干行   D. 左面若干列

20. 在 Access 中已经建立了"学生"表,表中有"学号"、"姓名"、"性别"和"入学成绩"等字段。执行如下 SQL 命令:

Select 性别,avg(入学成绩)From 学生 Group By 性别

其结果是( )。

    A. 计算并显示所有学生的性别和入学成绩的平均值

    B. 按性别分组计算并显示性别和入学成绩的平均值

    C. 计算并显示所有学生的入学成绩的平均值

    D. 按性别分组计算并显示所有学生的入学成绩的平均值

21. 窗口事件是指操作窗口时所引发的事件。下列事件中,不属于窗口事件的是( )。

    A. 打开   B. 关闭

    C. 加载   D. 取消

22. 在 Access 数据库中,若要求在窗体上设置输入的数据是取自某一个表或查询中记录的数据,或者取自某固定内容的数据,可以使用的控件是( )。

    A. 选项组控件   B. 列表框或组合框控件

    C. 文本框控件   D. 复选框、切换按钮、选项按钮控件

23. 要在查找表达式中使用通配符通配一个数字字符,应选用的通配符是( )。

    A. *   B. ?   C. !   D. #

24.在 Access 中已建立了"雇员"表,其中有可以存放照片的字段,在使用向导为该表创建窗体时,"照片"字段所使用的
默认控件是( )。

A.图像框   B.绑定对象框

C.非绑定对象   D.列表框

25.在报表设计时,如果只在报表最后一页的主体内容之后输出规定的内容,则需要设置的是( )。

A.报表页眉   B.报表页脚

C.页面页眉   D.页面页脚

26.数据访问页是一种独立于 Access 数据库的文件,该文件的类型是( )。

A.TXT 文件   B.HTML 文件

C.MDB 文件   D.DOC 文件

27.在一个数据库中已经设置了自动宏 AutoExec,如果在打开数据库的时候不想执行这个自动宏,正确的操作是( )。

A.用<Enter>键打开数据库   B.打开数据库时按住<Alt>键

C.打开数据库时按住<Ctrl>键   D.打开数据库时按住<Shift>键

28.有如下语句:

S＝Int(100 * Rnd)

执行完毕后,s 的值是( )。

A.[0,99]的随机整数   B.[0,100]的随机整数

C.[1,99]的随机整数   D.[1,100]的随机整数

29.InputBox 函数的返回值类型是( )。

A.数值   B.字符串

C.变体   D.数值或字符串(视输入的数据而定)

30.假设某数据库已建有宏对象"宏 1","宏 1"中只有一个宏操作 SetValue,其中第一个参数项目为"[Label0].[Cap-
tion]",第二个参数表达式为"[Text0]"。窗体"fmTest"中有一个标签 Label0 和一个文本框 Text0,现设置控件 Text0 的"更
新后"事件为运行"宏 1",则结果是( )。

A.将文本框清空

B.将标签清空

C.将文本框中的内容复制给标签的标题,使二者显示相同内容

D.将标签的标题复制到文本框,使二者显示相同内容

31.在窗体中添加一个名称为 Command1 的命令按钮,然后编写如下事件代码:

```
Private Sub Command1_Click()
  a＝75
  If a>60 Then
    k=1
  ElseIf a>70 Then
    k=2
  ElseIf a>80 Then
    k=3
  ElseIf a>90 Then
    k=4
  EndIf
  MsgBox k
End Sub
```

窗体打开运行后,单击命令按钮,则消息框的输出结果是( )。

A.1   B.2   C.3   D.4

32.设有如下窗体单击事件过程:

```
Private Sub Form_Click()
    a=1
    For i=1 To 3
        Select Case i
            Case 1,3
                a=a+1
            Case 2,4
                a=a+2
        End Select
    Next i
    MsgBox a
End Sub
```

打开窗体运行后,单击窗体,则消息框的输出的结果是(   )。

A. 3   B. 4   C. 5   D. 6

33. 设有如下程序:

```
Private Sub Commandl_Click()
    Dim sum As Double, x As Double
    Sum=0
    n=0
    For i=1 To 5
    x=n/i
    n=n+1
    sum=sum+x
    Next i
End Sub
```

该程序通过 For 循环来计算一个表达式的值,这个表达式是(   )。

A. $1+1/2+2/3+3/4+4/5$

B. $1+1/2+1/3+1/4+1/5$

C. $1/2+2/3+3/4+4/5$

D. $1/2+1/3+1/4+1/5$

34. 下列 Case 语句中错误的是(   )。

A. Case 0 To 10

B. Case Is>10

C. Case Is>10 And Is<50

D. Case 3,5 Is>10

35. 如下程序段定义了学生成绩的记录类型,由学号、姓名和3门课程成绩(百分制)组成。

```
Type Stud
no As Integer
name As String
score(1 to 3) As Single
End Type
```

若对某个学生的各个数据项进行赋值,下列程序段中正确的是(   )。

A. Dim S As Stud

  Stud. no=1001

  Stud. name="舒宜"

  Stud. score=78,88,96

B. Dim S As Stud

  S. no=1001

  S. name="舒宜"

  S. score=78,88,96

C. Dim S As Stud　　　　　　　　D. Dim S As Stud
　　Stud. no＝1001　　　　　　　　　S. no＝1001
　　Stud. name＝"舒宜"　　　　　　　S. name＝"舒宜"
　　Stud. score(I)＝78　　　　　　　 S. score(I)＝78
　　Stud. score(2)＝88　　　　　　　 S. score(2)＝88
　　Stud. score(3)＝96　　　　　　　 S. score(3)＝96

二、填空题

1. 在深度为 7 的满二叉树中,度为 2 的结点个数为_____。

2. 软件测试分为白箱(盒)测试和黑箱(盒)测试。等价类划分法属于_____测试。

3. 在数据库系统中,实现各种数据管理功能的核心软件称为_____。

4. 软件生命周期可分为多个阶段,一般分为定义阶段、开发阶段和维护阶段。编码和测试属于_____阶段。

5. 在结构化分析使用的数据流图(DFD)中,利用_____对其中的图形元素进行确切解释。

6. 如果表中一个字段不是本表的主关键字,而是另外一个表的主键字或候选关键字,这个字段称为_____。

7. 在 SQL 的 Select 命令中用_____短语对查询的结果进行排序。

8. 报表记录分组操作时,首先要选定分组字段,在这些字段上值_____的记录数据归为同一组。

9. 如果希望按满足指定条件执行宏中的一个或多个操作,这类宏称为_____。

10. 退出 Access 应用程序的 VBA 代码是_____。

11. 在 VBA 编程中检测字符串长度的函数名是_____。

12. 若窗体中已有一个名为 Command1 的命令按钮、一个名为 Label1 的标签和一个名为 Textl 的文本框,且文本框的内容为空,然后编写如下事件代码:

```
Private Function f(x As Long)As Boolean
    If x Mod 2＝0 Then
        f＝True
    Else
        f＝False
    End If
End Function
Private Sub Command1_Click()
    Dim n As Long
    n＝Val(Me! textl)
    P＝IIf(f(n),"Even number","Odd number")
    Me! Labell. Caption＝n& "is" & p
End Sub
```

窗体打开运行后,在文本框中输入 21,单击命令按钮,则标签显示内容为_____。

13. 有如下用户定义类型及操作语句:

```
Type Student
    Sno As String
    Sname As String
    Sage As Integer
End Type
Dim Stru As Student
With Stu
    . SNo＝"200609001"
    . Shame＝"陈果果"
    . Age＝19
```

End With

执行 MsgBox Stu. Age 后,消息框的输出结果是_____。

14.已知一个名为"学生"的 Access 数据库,库中的表"stud"存储学生的基本信息,包括学号、姓名、性别和籍贯。下面程序的功能是:通过下图所示的窗体向"stud"表中添加学生记录,对应"学号"、"姓名"、"性别"和"籍贯"的 4 个文本框的名称分别为 tNo、tNmae、tSex 和 tRes。当单击窗体中的"增加"命令按钮(名称为 Command1)时,首先判断学号是否重复,如果不重复则向"stud"表中添加学生记录;如果学号重复,则给出提示信息。

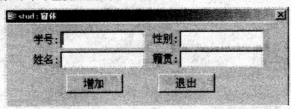

请依据所要求的功能,将如下程序补充完整。

```
Private Sub Form_Load()
    '打开窗口时,连接 Access 数据库
    Set ADOcn＝CurrentProject. Connection
End Sub
Dim ADOcn As New ADODB. Connection
Private Sub Command1_Click()
    '增加学生记录
    Dim strSQL As String
    Dim ADOrs As New ADODB. Recordset
    Set ADOrs. ActiveConnection＝ADOcn
    ADOrs. Open"Select 学号 From Stud Where 学号＝""+tNO+""
    If Not ADOrs. _____ Then
        '如果该学号的学生记录已经存在,则显示提示信息
        MsgBox"你输入的学号已存在,不能增加!"
    Else
    '增加新学生的记录
    strSQL＝"Insert Into stud(学号,姓名,性别,籍贯)"
    strSQL＝strSQL+"Values(""+tNo+"",""+tName+"",""+tSe +"",""+tRes+"")"
    ADOcn. Execute _____
    MsgBox "添加成功,请继续!"
    End If
    ADOrs. Close
    Set ADOrs＝Nothing
End Sub
```

第6套 笔试考试试题

一、选择题

1. 软件是指（　　）。
   A. 程序
   B. 程序和文档
   C. 算法加数据结构
   D. 程序、数据与相关文档的完整集合

2. 软件调试的目的是（　　）。
   A. 发现错误
   B. 改正错误
   C. 改善软件的性能
   D. 验证软件的正确性

3. 在面向对象方法中,实现信息隐蔽是依靠（　　）。
   A. 对象的继承
   B. 对象的多态
   C. 对象的封装
   D. 对象的分类

4. 下列描述中,不符合良好程序设计风格要求的是（　　）。
   A. 程序的效率第一,清晰第二
   B. 程序的可读性好
   C. 程序中要有必要的注释
   D. 输入数据前要有提示信息

5. 下列描述中正确的是（　　）。
   A. 程序执行的效率与数据的存储结构密切相关
   B. 程序执行的效率只取决于程序的控制结构
   C. 程序执行的效率只取决于所处理的数据量
   D. 以上3种说法都不对

6. 下列描述中正确的是（　　）。
   A. 数据的逻辑结构与存储结构必定是一一对应的
   B. 由于计算机存储空间是向量式的存储结构,因此,数据的存储结构一定是线性结构
   C. 程序设计语言中的数据一般是顺序存储结构,因此,利用数组只能处理线性结构
   D. 以上3种说法都不对

7. 冒泡排序在最坏情况下的比较次数是（　　）。
   A. $n(n+1)/2$
   B. $n\log_2 n$
   C. $n(n-1)/2$
   D. $n/2$

8. 一棵二叉树中共有70个叶子结点与80个度为1的结点,则该二叉树中的总结点数为（　　）。
   A. 219
   B. 221
   C. 229
   D. 231

9. 下列描述中正确的是（　　）。
   A. 数据库系统是一个独立的系统,不需要操作系统的支持
   B. 数据库技术的根本目标是要解决数据的共享问题
   C. 数据库管理系统就是数据库系统
   D. 以上3种说法都不对

10. 下列描述中正确的是（　　）。
    A. 为了建立一个关系,首先要构造数据的逻辑关系
    B. 表示关系的二维表中各元组的每一个分量还可以分成若干数据项
    C. 一个关系的属性名表称为关系模式
    D. 一个关系可以包括多个二维表

11. 用二维表来表示实体与实体之间联系的数据模型是（　　）。
    A. 实体—联系模型
    B. 层次模型
    C. 网状模型
    D. 关系模型

< 34 >

12.在企业中,职工的"工资级别"与职工个人"工资"的联系是（   ）。

A.一对一联系　　　　　　　　　　　B.一对多联系

C.多对多联系　　　　　　　　　　　D.无联系

13.假设一个书店用(书号,书名,作者,出版社,出版日期,库存数量……)一组属性来描述图书,可以作为"关键字"的是（   ）。

A.书号　　　　　　　　　　　　　　B.书名

C.作者　　　　　　　　　　　　　　D.出版社

14.下列属于 Access 对象的是（   ）。

A.文件　　　　　　　　　　　　　　B.数据

C.记录　　　　　　　　　　　　　　D.查询

15.在 Access 数据库的表设计视图中,不能进行的操作是（   ）。

A.修改字段类型　　　　　　　　　　B.设置索引

C.增加字段　　　　　　　　　　　　D.删除记录

16.在 Access 数据库中,为了保持表之间的关系,要求在子表(从表)中添加记录时,如果主表中没有与之相关的记录,则不能在子表(从表)中添加该记录,为此需要定义的关系是（   ）。

A.输入掩码　　　　　　　　　　　　B.有效性规则

C.默认值　　　　　　　　　　　　　D.参照完整性

17.将表 A 的记录添加到表 B 中,要求保持表 B 中原有的记录,可以使用的查询是（   ）。

A.选择查询　　　　　　　　　　　　B.生成表查询

C.追加查询　　　　　　　　　　　　D.更新查询

18.在 Access 中,查询的数据源可以是（   ）。

A.表　　　　　　　　　　　　　　　B.查询

C.表和查询　　　　　　　　　　　　D.表、查询和报表

19.在一个 Access 的表中有"专业"字段,要查找包含"信息"两个字的记录,正确的条件表达式是（   ）。

A.=left[专业],2)="信息"　　　　　B.like" * 信息 * "

C. = "信息 * "　　　　　　　　　　D.Mid([专业],1,2)="信息"

20.如果在查询的条件中使用了通配符方括号"[]",它的含义是（   ）。

A.通配任意长度的字符　　　　　　　B.通配不在括号内的任意字符

C.通配方括号内列出的任一单个字符　D.错误的使用方法

21.现有某查询设计视图(如下图所示),该查询要查找的是（   ）。

字段	学号	姓名	性别	出生年月	身高	体重
表	体检首页	体检首页	体检首页	体检首页	体质测量表	体质测量表
排序						
显示	☑	☑	☑	☑	☑	☑
条件			"女"		>="160"	
或			"男"			

A.身高在160以上的女性和所有的男性　　B.身高在160以上的男性和所有的女性

C.身高在160以上的所有人或男性　　　　D.身高在160以上的所有人

22.在窗体中,用来输入或编辑字段数据的交互控件是（   ）。

A.文本框控件　　　　　　　　　　　B.标签控件

C.复选框控件　　　　　　　　　　　D.列表框控件

23.如果要在整个报表的最后输出信息,需要设置（   ）。

A.页面页脚　　　　　　　　　　　　B.报表页脚

C.页面页眉　　　　　　　　　　　　D.报表页眉

24.下列选项中可作为报表记录源的是（   ）。

A.表　　　　　　B.查询　　　　　　C.Select 语句　　　　　　D.以上都可以

25. 在报表中,要计算"数学"字段的最高分,应将控件的"控件来源"属性设置为(　　)。

A. ＝Max([数学])　　　　　　　　　　　B. Max(数学)

C. ＝Max[数学]　　　　　　　　　　　　D. ＝Max(数学)

26. 将 Access 数据库数据发布到 Internet 上,可以通过(　　)。

A. 查询　　　　　　　　　　　　　　　　B. 窗体

C. 数据访问页　　　　　　　　　　　　　D. 报

27. 打开查询的宏操作是(　　)。

A. OpenForm　　　　　　　　　　　　　B. OpenQuery

C. Open　　　　　　　　　　　　　　　　D. OpenModule

28. 宏操作 SetValue 可以设置(　　)。

A. 窗体或报表控件的属性　　　　　　　　B. 刷新控件数据

C. 字段的值　　　　　　　　　　　　　　D. 当前系统的时间

29. 使用 Function 语句定义一个函数过程,其返回值的类型(　　)。

A. 只能是符号常量　　　　　　　　　　　B. 是除数组之外的简单数据类型

C. 可在调用时由运行过程决定　　　　　　D. 在函数定义时由 As 子句声明

30. 在过程定义中有语句:

Private Sub GetData(ByRef f As Integer)

其中"ByRef"的含义是(　　)。

A. 传值调用　　　　　　　　　　　　　　B. 传址调用

C. 形式参数　　　　　　　　　　　　　　D. 实际参数

31. 在 Access 中,DAO 的含义是(　　)。

A. 开放数据库互连应用编辑接口　　　　　B. 数据访问对象

C. Active 数据对象　　　　　　　　　　　D. 数据库动态链接库

32. 在窗体中有一个标签 Label0,标题为"测试进行中",有一个命令按钮 Command1,事件代码如下:

```
Private Sub Command1_Click()
    Label0. Caption＝"标签"
End Sub
Private Sub Form_Load()
    Form. Caption＝"举例"
    Command1. Caption＝"移动"
End Sub
```

打开窗体后单击命令按钮,屏幕显示(　　)。

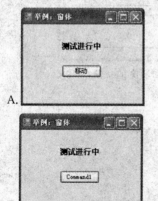

A.

B.

C.

D.

33. 在窗体中有一个标签 Lbl 和一个命令按钮 Command1,事件代码如下:

Option Compare Database

```
Dim a As String * 10
Private Sub Command1_Click()
    a="1234"
    b=Len(a)
    Me.Lb1.Caption=b
EndSub
```

打开窗体后单击命令按钮,窗体中显示的内容是( )。

A. 4   B. 5   C. 10   D. 40

34. 下列不是分支结构的语句是( )。

A. If...Then...EndIf   B. While...Wend

C. If...Then...Else...EndIf   D. Select...Case...End Select

35. 在窗体中使用一个文本框(名为 n)接受输入的值,有一个命令按钮 run,事件代码如下:

```
Private Sub mn_Clickq()
    result=""
    For i=1 To Me! n
        For j=1 To Me! n
            result=result+" * "
        Next j
        result=result+Chr(13)+Chr(10)
    Next i
    MesgBox result
End Sub
```

打开窗体后,如果通过文本框输入的值为 4,单击命令按钮后输出的图形是( )。

```
A.  * * * *          B.        *
    * * * *                  * * *
    * * * *                * * * * *
    * * * *              * * * * * * *

C.          * * * *     D. * * * *
          * * * * * *       * * * *
        * * * * * * * *     * * * *
      * * * * * * * * * *   * * * *
```

二、填空题

1. 软件需求规格说明书应具有完整性、无歧义性、正确性、可验证性、可修改性等特性,其中最重要的是_____。

2. 在两种基本测试方法中,_____测试的原则之一是保证所测模块中每一个独立路径至少要执行一次。

3. 线性表的存储结构主要分为顺序存储结构和链式存储结构。队列是一种特殊的线性表,循环队列是队列的_____存储结构。

4. 对下列二叉树进行中序遍历的结果是_____。

5. 在 E-R 图中,矩形表示_____。

6. 在关系运算中,要从关系模式中指定若干属性组成新的关系,该关系运算称为_____。

7. 在 Access 中建立的数据库文件的扩展名是_____。

8. 在向数据表中输入数据时,若要求输入的字符必须是字母,则应该设置的输入掩码是_____。

9. 窗体由多个部分组成,每个部分称为一个_____。

10. 用于执行指定 SQL 语句的宏操作是_____。

11. 在 VBA 中双精度的类型标识是_____。

12. 在窗体中使用一个文本框(名为 x)接受输入值,有一个命令按钮 test,事件代码如下:

```
Private Sub text_Click()
    y=0
    For i=0 To Me! x
        y=y+2*i+1
    Next i
    MsgBox y
End Sub
```

打开窗体后,若通过文本框输人值为 3,单击命令按钮,输出的结果是_____。

13. 在窗体中使用一个文本框(名为 num1)接受输入值,有一个命令按钮 run13,事件代码如下:

```
Private sub run13 Click()
    If Me! num1>=60 Then
        result="及格"
    Else If Me! num1>=70 Then
        result="通过"
    Else lf Me! mum1>=85 Then
        result="合格"
    End If
        MsgBox result
End Sub
```

打开窗体后,若通过文本框输人的值为 85,单击命令按钮,输出结果是_____。

14. 现有一个登录窗体如下图所示。打开窗体后输入用户名和密码,登录操作要求在 20 秒内完成,如果在 20 秒内没有完成登录操作,则倒计时到达 0 秒时自动关闭登录窗体,窗体的右上角是显示倒计时的文本框 ltime。事件代码如下,要求填空完成事件过程。

```
Option Compare Database
Dim flag As Boolean
Dim i As Integer
Private Sub Form_Load()
    flag=_____
    Me. Timednterval=1000
    i=0
End Sub
Private Sub Form_Timer()
    If flag=True And i<20 Then
        Me! Time. Caption=20-i
        i=_____
    Else
        DoCmd. Close
    End If
```

< 38 >

```
End Sub
Private Sub ok_Click()
'登录程序略
'如果用户名和密码输入正确,则 flag=False
End Sub
```

< 39 >

第7套 笔试考试试题

一、选择题

1. 程序流程图中带有箭头的线段表示的是( )。

A. 图元关系
B. 数据流
C. 控制流
D. 调用关系

2. 结构化程序设计的基本原则不包括( )。

A. 多态性
B. 自顶向下
C. 模块化
D. 逐步求精

3. 软件设计中模块划分应遵循的准则是( )。

A. 低内聚低耦合
B. 高内聚低耦合
C. 低内聚高耦合
D. 高内聚高耦合

4. 在软件开发中,需求分析阶段产生的主要文档是( )。

A. 可行性分析报告
B. 软件需求规格说明书
C. 概要设计说明书
D. 集成测试计划

5. 算法的有穷性是指( )。

A. 算法程序的运行时间是有限的
B. 算法程序所处理的数据量是有限的
C. 算法程序的长度是有限的
D. 算法只能被有限的用户使用

6. 对长度为 n 的线性表排序,在最坏情况下,比较次数不是 n(n−1)/2 的排序方法是( )。

A. 快速排序
B. 冒泡排序
C. 直接插入排序
D. 堆排序

7. 下列关于栈的叙述中正确的是( )。

A. 栈按"先进先出"组织数据
B. 栈按"先进后出"组织数据
C. 只能在栈底插入数据
D. 不能删除数据

8. 在数据库设计中,将 E−R 图转换成关系数据模型的过程属于( )。

A. 需求分析阶段
B. 概念设计阶段
C. 逻辑设计阶段
D. 物理设计阶段

9. 有3个关系 R、S 和 T,分别如下所示:

R				S				T		
B	C	D		B	C	D		B	C	D
a	0	k1		f	3	h2		a	0	k1
b	1	n1		a	0	k1				
				n	2	x1				

由关系 R 和 S 通过运算得到关系 T,则所使用的运算为( )。

A. 并
B. 自然连接
C. 笛卡儿积
D. 交

10. 设有表示学生选课的3张表,学生 S(学号,姓名,性别,年龄,身份证号),课程 C(课号,课名),选课 SC(学号,课号,成绩),则表 SC 的关键字(键或码)为( )。

A. 课号,成绩
B. 学号,成绩
C. 学号,课号
D. 学号,姓名,成绩

11. 在超市营业过程中,每个时段要安排一个班组上岗值班,每个收款口要配备两名收款员配合工作,共同使用一套收款设备为顾客服务。在数据库中,实体之间属于一对一关系的是( )。

< 40 >

A."顾客"与"收款口"的关系　　　　　　　　B."收款口"与"收款员"的关系

C."班组"与"收款员"的关系　　　　　　　　D."收款口"与"设备"的关系

12.在教师表中,如果要找出职称为"教授"的教师,所采用的关系运算是(　　　)。

A.选择　　　　　　　　　　　　　　　　　　B.投影

C.连接　　　　　　　　　　　　　　　　　　D.自然连接

13.在 SELECT 语句中使用 ORDER BY 是为了指定(　　　)。

A.查询的表　　　　　　　　　　　　　　　　B.查询结果的顺序

C.查询的条件　　　　　　　　　　　　　　　D.查询的字段

14.在数据表中,对指定字段查找匹配项,若按下图对"查找和替换"对话框进行设置,则得到的结果是(　　　)。

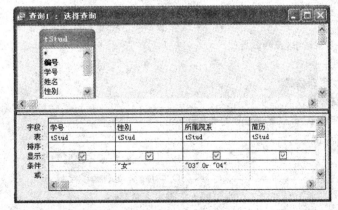

A.定位简历字段中包含了字符串"组织能力强"的记录

B.定位简历字段仅为"组织能力强"的记录

C.显示符合查询内容的第一条记录

D.显示符合查询内容的所有记录

15."数学管理"数据库中有学生表、课程表和选课表,为了有效地反映这3张表中数据之间的联系,在创建数据库时应设置(　　　)。

A.默认值　　　　　　　　　　　　　　　　　B.有效性规则

C.索引　　　　　　　　　　　　　　　　　　D.表之间的关系

16.下列 SQL 查询语句中,与下面查询设计视图所示的查询结果等价的是(　　　)。

A.SELECT 姓名,性别,所属院系,简历 FROM tStud

　　WHERE 性别="女" AND 所属院系 IN("03","04")

B.SELECT 姓名,简历 FROM tStud

　　WHERE 性别="女"AND 所属院系 IN("03","04")

< 41 >

C. SELECT 姓名，性别，所属院系，简历 FROM tStud

　WHERE 性别＝"女"AND 所属院系＝"03"OR 所属院系＝"04"

D. SELECT 姓名，简历 FROM tStud

　WHERE 性别＝"女"AND 所属院系＝"03"OR 所属院系＝"04"

17. 如果在数据库中已有同名的表，要通过查询覆盖原来的表，应该使用的查询类型是(　　)。

A. 删除　　　　　　　　　　　　　　　　B. 追加

C. 生成表　　　　　　　　　　　　　　　D. 更新

18. 条件"Not 工资额＞2000"的含义是(　　)。

A. 选择工资额大于 2000 的记录　　　　　　B. 选择工资额小于 2000 的记录

C. 选择除了工资额大于 2000 之外的记录　　D. 选择除了字段工资额之外的字段，且大于 2000 的记录

19. Access 数据库中，为了保持表之间的关系，要求在主表中修改相关记录时，子表相关记录随时被更改。为此需要定义参照完整性关系的(　　)。

A. 级联更新相关字段　　　　　　　　　　B. 级联删除相关字段

C. 级联修改相关字段　　　　　　　　　　D. 级联插入相关字段

20. 如果输入掩码设置为"L"，则在输入数据的时候，该位置上可以接受的合法输入是(　　)。

A. 必须输入字母或数字　　　　　　　　　B. 可以输入字母、数字或空格

C. 必须输入字母 A～Z　　　　　　　　　D. 任意符号

21. 定义字段默认值的含义是(　　)。

A. 不得使该字段为空　　　　　　　　　　B. 不允许字段的值超出某个范围

C. 在未输入数据时系统自动提供的数值　　D. 系统自动把小写字母转换为大写字母

22. 在窗体上，设置控件 Command0 为不可见的属性是(　　)。

A. Command0. Color　　　　　　　　　　B. Command0. Caption

C. Command0. Enabled　　　　　　　　　D. Command0. Visible

23. 能够接受数值型数据输入的窗体控件是(　　)。

A. 图形　　　　　　　　　　　　　　　　B. 文本框

C. 标签　　　　　　　　　　　　　　　　D. 命令按钮

24. SQL 语句不能创建的是(　　)。

A. 报表　　　　　　　　　　　　　　　　B. 操作查询

C. 选择查询　　　　　　　　　　　　　　D. 数据定义查询

25. 不能够使用宏的数据库对象是(　　)。

A. 数据表　　　　　　　　　　　　　　　B. 窗体

C. 宏　　　　　　　　　　　　　　　　　D. 报表

26. 在下列关于宏和模块的叙述中，正确的是(　　)。

A. 模块是能够被程序调用的函数

B. 通过定义宏可以选择或更新数据

C. 宏或模块都不能包括窗体或报表上的事件代码

D. 宏可以是独立的数据库对象，可以提供独立的操作动作

27. VBA 程序流程控制的方式是(　　)。

A. 顺序控制和分支控制　　　　　　　　　B. 顺序控制和循环控制

C. 循环控制和分支控制　　　　　　　　　D. 顺序、分支和循环控制

28. 从字符串 s 中的第 2 个字符开始获得 4 个字符的子字符串函数是(　　)。

A. Mid(s,2,4)　　　　　　　　　　　　　B. Left(s,2,4)

C. Rigth(s,4)　　　　　　　　　　　　　D. Left(s,4)

29. 语句 Dim NewArray(10)As Integer 的含义是(　　)。

A. 定义了一个整型变量且初值为 10　　　　B. 定义了 10 个整数构成的数组

C. 定义了 11 个整数构成的数组

D. 将数组的第 10 元素设置为整型

30. 在 Access 中,如果要处理具有复杂条件或循环结构的操作,则应该使用的对象是(   )。

A. 窗体

B. 模块

C. 宏

D. 报表

31. 下列选项中,不属于 VBA 提供的程序运行错误处理语句结构的是(   )。

A. On Error Then 标号

B. On Error Goto 标号

C. On Error Resume Next

D. On Error Goto 0

32. ADO 的含义是(   )。

A. 开放数据库互连应用编程接口

B. 数据访问对象

C. 动态链接库

D. Active 数据对象

33. 若要在子过程 Proc1 调用后返回两个变量的结果,下列过程定义语句中有效的是(   )。

A. Sub Procl(n,m)

B. Sub Procl(ByVal n,m)

C. Sub Procl(n,ByVal m)

D. Sub Procl(ByVal n,ByVal m)

34. 下列 4 种形式的循环设计中,循环次数最少的是(   )。

A. a=5:b=8

  Do

    a=a+1

  Loop While a<b

B. a=5:b=8

  Do

    a=a+1

  Loop Until a<b

C. a=5:b=8

  Do Until a<b

    b=b+1

  Loop

D. a=5:b=8

  Do Until a>b

    a=a+1

  Loop

35. 在窗体中有一个命令按钮 run35,对应的事件代码如下:

```
Private Sub run35_Enter()
    Dim num As Integer
    Dim a As Integer
    Dim b As Integer
    Dim i As Integer
    For i=1 To 10
        num=InputBox("请输入数据:","输入",1)
        If Int(num/2)=num/2 Then
            a=a+1
        Else
            B=b+1
        End If
    Next I
    MsgBox("运行结果:a="& Str(a) &",b=" & Str(b))
End Sub
```

运行以上事件所完成的功能是(   )。

A. 对输入的 10 个数据求累加和

B. 对输入的 10 个数据求各自的余数,然后再进行累加

C. 对输入的 10 个数据分别统计有几个是整数,有几个是非整数

D. 对输入的 10 个数据分别统计有几个是奇数,有几个是偶数

二、填空题

1. 测试用例包括输入值集和_____值集。

< 43 >

2.深度为 5 的满二叉树有_____个叶子结点。

3.设某循环队列的容量为 50，头指针 front＝5（指向队头元素的前一位置），尾指针 rear＝29（指向队尾元素），则该循环队列中共有_____个元素。

4.在关系数据库中，用来表示实体之间联系的是_____。

5.在数据库管理系统提供的数据定义语言、数据操纵语言和数据控制语言中，_____负责数据的模式定义与数据的物理存取构建。

6.在 Access 中，要在查找条件中与任意一个数字字符匹配，可使用的通配符是_____。

7.在学生成绩表中，如果需要根据输入的学生姓名查找学生的成绩，需要使用的是_____查询。

8.Int(－3.25)的结果是_____。

9.分支结构在程序执行时，根据_____选择执行不同的程序语句。

10.在 VBA 中变体类型的类型标识是_____。

11.在窗体中有一个名为 Command1 的命令按钮，Click 事件的代码如下：

```
Private Sub Command1 Click()
    f＝0
    For n＝1 To 10 Step 2
        f＝f＋n
    Next n
    Me！Lb1.Caption＝f
End Sub
```

单击命令按钮后，标签显示的结果是_____。

12.在窗体中有一个名为 Commandl2 的命令按钮，Click 事件的代码如下。该事件所完成的功能是：接受从键盘输入的 10 个大于 0 的整数，找出其中的最大值和对应的输入位置。请依据上述功能将程序补充完整。

```
Private Sub Commandl2_Click()
    max＝0
    max n＝0
    For i＝1 To 10
        num＝Val(InputBox("请输入第"&i&"个大于 0 的整数："))
        If(num＞max)Then
            max＝
            max_n＝
        End If
    Next i
    MsgBox("最大值为第"&max_n&"个输入的"& max)
End Sub
```

13.下列子过程的功能是：将当前数据库文件中"学生表"的学生"年龄"都加 1。请在程序空白处填写适当的语句，使程序实现所需的功能。

```
Private Sub SetAgePlusl_Click()
    Dim db As DAO.Database
    Dim rs As DAO.Recordset
    Dim fd As DAO.Field
    Set db＝CurrentDb()
    Set rs＝－db.OpenRecordset("学生表")
    Set fd＝rs.Fields("年龄")
    Do while Not rs.EOF
        rs.Edit
```

```
    fd=_____
        rs. Update

        _____
Loop
rs. Close
db. Close
Set rs=Nothing
Set db=Nothing
End Sub
```

< 45 >

第8套　笔试考试试题

一、选择题

1. 一个栈的初始状态为空,现将元素 1、2、3、4、5、A、B、C、D、E 依次入栈,然后再依次出栈,则元素出栈的顺序是(　　)。
A. 12345ABCDE
B. EDCBA54321
C. ABCDE12345
D. 54321EDCBA

2. 下列叙述中正确的是(　　)。
A. 循环队列有队头和队尾两个指针,因此,循环队列是非线性结构
B. 在循环队列中,只需要队头指针就能反映队中的元素的动态变化情况
C. 在循环队列中,只需要队尾指针就能反映队中的元素的动态变化情况
D. 循环队列中元素的个数是由队头指针和队尾指针共同决定的

3. 在长度为 n 的有序线性表中进行二分查找,最坏情况下需要比较的次数是(　　)。
A. O(n)
B. O(n2)
C. O(log2n)
D. O(nlog2n)

4. 下列叙述中正确的是(　　)。
A. 顺序存储结构的存储空间一定是连续的,链式存储结构的存储空间不一定是连续的
B. 顺序存储结构只针对线性结构,链式存储结构只针对非线性结构
C. 顺序存储结构能存储有序表,链式存储结构不能存储有序表
D. 链式存储结构比顺序存储结构节省存储空间

5. 数据流图中,带有箭头的线段表示的是(　　)。
A. 控制流
B. 事件驱动
C. 模块调用
D. 数据流

6. 在软件开发中,需求分析阶段可以使用的工具是(　　)。
A. N-S 图
B. DFD 图
C. PAD 图
D. 程序流程图

7. 在面向对象的方法中,不属于"对象"的基本特点的是(　　)。
A. 一致性
B. 分类性
C. 多态性
D. 标识唯一性

8. 一间宿舍可住多个学生,则实体宿舍和学生之间的联系是(　　)。
A. 一对一
B. 一对多
C. 多对一
D. 多对多

9. 在数据管理技术发展的 3 个阶段中,数据共享最好的是(　　)。
A. 人工管理阶段
B. 文件系统阶段
C. 数据库系统阶段
D. 3 个阶段相同

10. 有 3 个关系 R、S 和 T 如下:

R			S			T		
A	B		B	C		A	B	C
m	1		1	3		m	1	3
n	2		3	5				

关系 R 和 S 通过运算得到关系 T,则所使用的运算为(　　)。
A. 笛卡儿积
B. 交
C. 并
D. 自然连接

11. Access 数据库中,表的组成是(   )。

A. 字段和记录

B. 查询和字段

C. 记录和窗体

D. 报表和字段

12. 若设置字段的输入掩码为"＃＃＃＃－＃＃＃＃＃＃",该字段正确的输入数据是(   )。

A. 0755－123456

B. 0755－abcdef

C. abcd－123456

D. ＃＃＃＃－＃＃＃＃＃＃

13. 对数据表进行筛选操作,结果是(   )。

A. 只显示满足条件的记录,将不满足条件的记录从表中删除

B. 显示满足条件的记录,并将这些记录保存在一个新表中

C. 只显示满足条件的记录,不满足条件的记录将被隐藏

D. 将满足条件的记录和不满足条件的记录分为两个表进行显示

14. 在显示查询结果时,如果要将数据表中的"籍贯"字段名,显示为"出生地",可在查询设计视图中改动(   )。

A. 排序

B. 字段

C. 条件

D. 显示

15. 在 Access 的数据表中删除一条记录,被删除的记录(   )。

A. 可以恢复到原来设置

B. 被恢复为最后一条记录

C. 被恢复为第一条记录

D. 不能恢复

16. 在 Access 中,参照完整性规则不包括(   )。

A. 更新规则

B. 查询规则

C. 删除规则

D. 插入规则

17. 在数据库中,建立索引的主要作用是(   )。

A. 节省存储空间

B. 提高查询速度

C. 便于管理

D. 防止数据丢失

18. 假设有一组数据:工资为 800 元,职称为"讲师",性别为"男",在下列逻辑表达式中结果为"假"的是(   )。

A. 工资＞800 AND 职称＝"助教" OR 职称＝"讲师"

B. 性别＝"女" OR NOT 职称＝"助教"

C. 工资＝800 AND (职称＝"讲师" OR 性别＝"女")

D. 工资＞800 AND (职称＝"讲师" OR 性别＝"男")

19. 在建立查询时,若要筛选出图书编号是"T01"或"T02"的记录,可以在查询设计视图准则行中输入(   )。

A. "T01" or "T02"

B. "T01" and "T02"

C. in ("T01" and "T02")

D. not in ("T01" and "T02")

20. 在 Access 数据库中使用向导创建查询,其数据可以来自(   )。

A. 多个表

B. 一个表

C. 一个表的一部分

D. 表或查询

21. 创建参数查询时,在查询设计视图准则行中应将参数提示文本放置在(   )中。

A. { }

B. ( )

C. [ ]

D. < >

22. 在下列查询语句中,与

SELECT TAB1 * FROM TAB1 WHERE InStr([简历],"篮球")<>0

功能相同的语句是(   )。

A. SELECT TAB1. * FROM TAB1 WHERE TAB1.简历 Like"篮球"

B. SELECT TAB1. * FROM TAB1 WHERE TAB1.简历 Like" * 篮球"

C. SELECT TAB1. * FROM TAB1 WHERE TAB1.简历 Like" * 篮球 * "

D. SELECT TAB1. * FROM TAB1 WHERE TAB1.简历 Like"篮球 * "

23. 在 Access 数据库中创建一个新表,应该使用的 SQL 语句是(   )。

A. Create Table

B. Create Index

C. Alter Table

D. Create Database

24.在窗体设计工具箱中,代表组合框的图标是(　　)。

A.　　　　　　　　　B.　　　　　　　　　C.　　　　　　　　　D.

25.要改变窗体上文本框控件的输出内容,应设置的属性是(　　)。

A.标题　　　　　　　　　　　　　　　B.查询条件

C.控件来源　　　　　　　　　　　　　D.记录源

26.在下图所示的窗体上,有一个标有"显示"字样的命令按钮(Command1)和一个文本框(text1)。当单击命令按钮时,将变量 sum 的值显示在文本框内,正确的代码是(　　)。

A.Me! Text1. Caption＝sum　　　　　　B.Me! Text1. Value＝sum

C.Me! Text1. Text＝sum　　　　　　　D.Me! Text1. Visible＝sum

27.Access 报表对象的数据源可以是(　　)。

A.表、查询和窗体　　　　　　　　　　B.表和查询

C.表、查询和 SQL 命令　　　　　　　D.表、查询和报表

28.要限制宏命令的操作范围,可以在创建宏时定义(　　)。

A.宏操作对象　　　　　　　　　　　　B.宏条件表达式

C.窗体或报表控件属性　　　　　　　　D.宏操作目标

29.在 VBA 中,实现窗体打开操作的命令是(　　)。

A.DoCmd. OpenForm　　　　　　　　B.OpenForm

C.Do. OpenForm　　　　　　　　　　D.DoOpen. Form

30.在 Access 中,如果变量定义在模块的过程内部,当过程代码执行时才可见,则这种变量的作用域为(　　)。

A.程序范围　　　　　　　　　　　　　B.全局范围

C.模块范围　　　　　　　　　　　　　D.局部范围

31.表达式 Fix(－3.25)和 Fix(3.75)的结果分别是(　　)。

A.－3,3　　　　　　B.－4,3　　　　　　C.－3,4　　　　　　D.－4,4

32.在 VBA 中,错误的循环结构是(　　)。

A.Do While 条件式　　　　　　　　　B.Do Until 条件式

　　循环体　　　　　　　　　　　　　　循环体

　Loop　　　　　　　　　　　　　　　Loop

C.Do Until　　　　　　　　　　　　　D.Do

　　循环体　　　　　　　　　　　　　　循环体

　Loop 条件式　　　　　　　　　　　　Loop While 条件式

33.在过程定义中有语句:

Private Sub GetData (ByVal data As Integer),其中"ByVal"的含义是(　　)。

A.传值调用　　　　　　　　　　　　　B.传址调用

C.形式参数　　　　　　　　　　　　　D.实际参数

34.在窗体中有一个命令按钮(名称为 run34),对应的事件代码如下:

Private Sub run34_Click( )

　sum＝0

　For i＝10 To 1 Step －2

　　sum＝sum＋i

　Next i

```
MsgBox sum
End Sub
```

运行以上事件,程序的输出结果是( )。

A. 10   B. 30   C. 55   D. 其他结果

35.在窗体中有一个名称为 run35 的命令按钮,单击该按钮从键盘接收学生成绩,如果输入的成绩不在 0~100 分,则要求重新输入;如果输入的成绩正确,则进入后续程序处理。run35 命令按钮的 Click 的事件代码如下:

```
Private Sub run35_Click( )
    Dim flag As Boolcan
    result=0
    flag=True
    Do While flag
        result=Val(InputBox("请输入学生成绩:","输人"))
        If result>=0 And result <=100 Then
            _____
        Else
            MsgBox "成绩输入错误,请重新输入"
        End If
    Loop
    Rem 成绩输入正确后的程序代码略
End Sub
```

程序中的空白处需要填入一条语句使程序完成其功能。下列选项中错误的语句是( )。

A. flag=False   B. flag=Not flag   C. flag=True   D. Exit Do

二、填空题

1.对下列二叉树进行中序遍历的结果为_____。

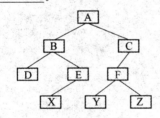

2.按照软件测试的一般步骤,集成测试应在_____测试之后进行。

3.软件工程三要素包括方法、工具和过程,其中,_____支持软件开发的各个环节的控制和管理。

4.数据库设计包括概念设计、_____和物理设计。

5.在二维表中,元组的_____不能再分成更小的数据项。

6.在关系数据库中,基本的关系运算有 3 种,它们是选择、投影和_____。

7.数据访问页有两种视图,它们是页视图和_____视图。

8.下图所示的流程控制结构称为_____。

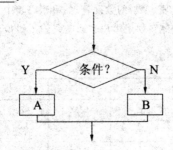

9.Access 中用于执行指定的 SQL 语言的宏操作名是_____。

< 49 >

10.直接在属性窗口设置对象的属性,属于"静态"设置方法,在代码窗口中由 VBA 代码设置对象的属性叫做"_____"设置方法。

11.在窗体中添加一个名称为 Command1 的命令按钮,然后编写如下事件代码:

```
Private Sub Command1_Click( )
    Dim x As Integer, y As Integer
    x=12 : y=32
    Call p(x, y)
    MsgBox x * y
End Sub
Public Sub p (n As Integer, By Val m As Integer)
    n=n Mod 10
    m=m Mod 10
End Sub
```

窗体打开运行后,单击命令按钮,则消息框的输出结果为_____。

12.已知数列的递推公式如下:

$f(n)=1$　　　　　　　　当 n=0,1 时
$f(n)=f(n-1)+f(n-2)$　　当 n>1 时

则按照递推公式可以得到数列:1,1,2,3,5,8,13,21,34,55,…。现要求从键盘输入 n 值,输出对应项的值。例如当输入 n 为 8 时,应该输出 34。程序如下,请补充完整。

```
Private Sub run11_Click( )
    f0=1
    f1=1
    num=Val(InputBox("请输入一个大于 2 的整数:"))
    For n=2 To _____
        f2=_____
        f0=f1
        f1=f2
    Next n
    MsgBox f2
End Sub
```

13.现有用户登录界面如下:

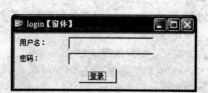

窗体中名为 username 的文本框用于输入用户名,名为 pass 的文本框用于输入用户的密码。用户输入用户名和密码后,单击"登录"名为 login 的按钮,系统查找名为"密码表"的数据表,如果密码表中有指定的用户名且密码正确,则系统根据用户的"权限"分别进入"管理员窗体"和"用户窗体";如果用户名或密码输入错误,则给出相应的提示信息。密码表中的字段均为文本类型,密码数据如下图所示。

密码表

用　户　名	密　码	权　限
Chen	1234	
Zhang	5678	管理员
Wang	1234	

单击"登录"按钮后相关的事件代码如下，请补充完整。

```
Private Sub login_Click( )
    Dim str As String
    Dim rs As New ADODB. Recordset
    Dim fd As ADODB. Field
    Set cn=CurrentProject. Connection

    logname=Trim(Me! uscrname)
    pass=Trim(Mc! pass)

    If Len(Nz(logname))=0 Then
        MsgBox "请输入用户名"
    ElseIf Len(Nz(pass))=0 Then
        MsgBox "请输入密码"
    Else
        str="select * from 密码表 where 用户名=' " & logname & " ' and 密码=' " & pass & " ' "
        rs. Open str, cn, adOpenDynamic, adLockOptimistic, adCmdText
        If _____ Then
            MsgBox "没有这个用户名或密码输入错误,请重新输入"
            Me. username=""
            Mc. pass=""
        Else
            Set _____ =rs. Fields("权限")
            If fd="管理员" Then
                DoCmd. Close
                DoCmd. OpenForm "管理员窗体"
                MsgBox "欢迎您,管理员"
            Else
                DoCmd. Close
                DoCmd. OpenForm "用户窗体"
                MsgBox "欢迎使用会员管理系统"
            End If
        End If
    End If
End Sub
```

< 51 >

第9套　笔试考试试题

一、选择题

1.下列叙述中正确的是（　　）。

A.栈是"先进先出"的线性表

B.队列是"先进后出"的线性表

C.循环队列是非线性结构

D.有序线性表既可以采用顺序存储结构，也可以采用链式存储结构

2.支持子程序调用的数据结构是（　　）。

A.栈　　　　　　　　　　　　　　　B.树

C.队列　　　　　　　　　　　　　　D.二叉树

3.某二叉树有5个度为2的结点，则该二叉树中的叶子结点数是（　　）。

A.10　　　　　　　　　　　　　　　B.8

C.6　　　　　　　　　　　　　　　D.4

4.下列排序方法中，最坏情况下比较次数最少的是（　　）。

A.冒泡排序　　　　　　　　　　　　B.简单选择排序

C.直接插入排序　　　　　　　　　　D.堆排序

5.软件按功能可以分为：应用软件、系统软件和支撑软件。下面属于应用软件的是（　　）。

A.编译程序　　　　　　　　　　　　B.操作系统

C.教务管理系统　　　　　　　　　　D.汇编程序

6.下面叙述中错误的是（　　）。

A.软件测试的目的是发现错误并改正错误

B.对被调试的程序进行"错误定位"是程序调试的必要步骤

C.程序调试通常也称为 Debug

D.软件测试应严格执行测试计划，排除测试的随意性

7.耦合性和内聚性是对模块独立性度量的两个标准。下列叙述中正确的是（　　）。

A.提高耦合性降低内聚性有利于提高模块的独立性

B.降低耦合性提高内聚性有利于提高模块的独立性

C.耦合性是指一个模块内部各个元素间彼此结合的紧密程度

D.内聚性是指模块间互相连接的紧密程度

8.数据库应用系统中的核心问题是（　　）。

A.数据库设计　　　　　　　　　　　B.数据库系统设计

C.数据库维护　　　　　　　　　　　D.数据库管理员培训

9.有两个关系 R,S 如下：

R				S	
A	B	C		A	B
a	3	2		a	3
b	0	1		b	0
c	2	1		c	2

由关系 R 通过运算得到关系 S，则所使用的运算为（　　）。

A.选择　　　　　　　　　　　　　　B.投影

C.插入　　　　　　　　　　　　　　D.连接

10.将 E－R 图转换为关系模式时,实体和联系都可以表示为（ ）。

A. 属性　　　　　　　　　　　　　　B. 键

C. 关系　　　　　　　　　　　　　　D. 域

11.按数据的组织形式,数据库的数据模型可分为三种模型,它们是（ ）。

A. 小型、中型和大型　　　　　　　　B. 网状、环状和链状

C. 层次、网状和关系　　　　　　　　D. 独享、共享和实时

12.数据库中有 A、B 两表,均有相同字段 C,在两表中 C 字段都设为主键。当通过 C 字段建立两表关系时,则该关系为（ ）。

A. 一对一　　　　　　　　　　　　　B. 一对多

C. 多对多　　　　　　　　　　　　　D. 不能建立关系

13.如果在创建表中建立字段"性别",并要求用汉字表示,其数据类型应当是（ ）。

A. 是/否　　　　　　　　　　　　　B. 数字

C. 文本　　　　　　　　　　　　　　D. 备注

14.在 Access 数据库对象中,体现数据库设计目的的对象是（ ）。

A. 报表　　　　　　　　　　　　　　B. 模块

C. 查询　　　　　　　　　　　　　　D. 表

15.下列关于空值的叙述中,正确的是（ ）。

A. 空值是双引号中间没有空格的值　　B. 空值是等于 0 的数值

C. 空值是使用 Null 或空白来表示字段的值　D. 空值是用空格表示的值

16.在定义表中字段属性时,对要求输入相对固定格式的数据,例如电话号码 010－65971234,应该定义该字段的（ ）。

A. 格式　　　　　　　　　　　　　　B. 默认值

C. 输入掩码　　　　　　　　　　　　D. 有效性规则

17.在书写查询准则时,日期型数据应该使用适当的分隔符括起来,正确的分隔符是（ ）。

A. *　　　　　　　　　　　　　　　　B. %

C. &　　　　　　　　　　　　　　　D. ♯

18.下列关于报表的叙述中,正确的是（ ）。

A. 报表只能输入数据　　　　　　　　B. 报表只能输出数据

C. 报表可以输入和输出数据　　　　　D. 报表不能输入和输出数据

19.要实现报表按某字段分组统计输出,需要设置的是（ ）。

A. 报表页脚　　　　　　　　　　　　B. 该字段的组页脚

C. 主体　　　　　　　　　　　　　　D. 页面页脚

20.下列关于 SQL 语句的说法中,错误的是（ ）。

A. INSERT 语句可以向数据表中追加新的数据记录

B. UPDATE 语句用来修改数据表中已经存在的数据记录

C. DELETE 语句用来删除数据表中的记录

D. CREATE 语句用来建立表结构并追加新的记录

21.在数据访问页的工具箱中,为了插入一段滚动的文字应该选择的图标是（ ）。

A. [图标]　　　　　　B. [图标]　　　　　　C. [图标]　　　　　　D. [图标]

22.在运行宏的过程中,宏不能修改的是（ ）。

A. 窗体　　　　　　　　　　　　　　B. 宏本身

C. 表　　　　　　　　　　　　　　　D. 数据库

23.在设计条件宏时,对于连续重复的条件,要代替重复条件表达式可以使用符号（ ）。

A. …　　　　　　　　　　　　　　　B. ：

C. !　　　　　　　　　　　　　　　D. ＝

24.在宏的参数中,要引用窗体 F1 上的 Text1 文本框的值,应该使用的表达式是(   )。

A.[Forms]![F1]![Text1] B. Text1

C.[F1].[Text1] D.[Forms]_[F1]_[Text1]

25.宏操作 Quit 的功能是(   )。

A.关闭表 B.退出宏

C.退出查询 D.退出 Access

26.发生在控件接收焦点之前的事件是(   )。

A.Enter B.Exit

C.GotFocus D.LostFocus

27.要想在过程 Proc 调用后返回形参 x 和 y 的变化结果,下列定义语句中正确的是(   )。

A.Sub Proc (x as Integer, y as Integer)

B.Sub Proc (ByVal x as Integer, y as Integer)

C.Sub Proc (x as Integer, ByVal y as Integer)

D.Sub Proc (ByVal x as Integer, ByVal y as Integer)

28.要从数据库中删除一个表,应该使用的 SQL 语句是(   )。

A.ALTER TABLE B.KILL TABLE

C.DELETE TABLE D.DROP TABLE

29.在 VBA 中要打开名为"学生信息录入"的窗体,应使用的语句是(   )。

A.DoCmd.OpenForm "学生信息录入" B.OpenForm "学生信息录入"

C.DoCmd.OpenWindow "学生信息录入" D.OpenWindow "学生信息录入"

30.要显示当前过程中的所有变量及对象的取值,可以利用的调试窗口是(   )。

A.监视窗口 B.调用堆栈

C.立即窗口 D.本地窗口

31.在 VBA 中,下列关于过程的描述中正确的是(   )。

A.过程的定义可以嵌套,但过程的调用不能嵌套

B.过程的定义不可以嵌套,但过程的调用可以嵌套

C.过程的定义和过程的调用均可以嵌套

D.过程的定义和过程的调用均不能嵌套

32.能够实现从指定记录集里检索特定字段值的函数是(   )。

A.DCount B.Dlookup

C.DMax D.DSum

33.下列四个选项中,不是 VBA 的条件函数的是(   )。

A.Choose B.If

C.IIf D.Switch

34.设有如下过程:

x=1

Do

    x=x+2

Loop Until _____

运行程序,要求循环体执行 3 次后结束循环,空白处应填入的语句是(   )。

A.x<=7 B.x<7

C.x>=7 D.x>7

35.在窗体中添加一个名称为 Command1 的命令按钮,然后编写如下事件代码:

Private Sub Command1_Click()

    MsgBox f(24, 18)

```
End Sub
Public Function f(m As Integer，n As Integer) As Integer
    Do While m<>n
        Do While m>n
            m = m-n
        Loop
        Do While m<n
            n=n-m
        Loop
    Loop
    f=m
End Function
```

窗体打开运行后,单击命令按钮,则消息框的输出结果是(　　　)。

A. 2   B. 4

C. 6   D. 8

二、填空题

1.假设用一个长度为 50 的数组(数组元素的下标从 0～49)作为栈的存储空间,栈底指针 bottom 指向栈底元素,栈顶指针 top 指向栈顶元素,如果 bottom＝49,top＝30(数组下标),则栈中具有_____个元素。

2.软件测试可分为白盒测试和黑盒测试。基本路径测试属于_____测试。

3.符合结构化原则的 3 种基本控制结构是:选择结构、循环结构和_____。

4.数据库系统的核心是_____。

5.在 E－R 图中,图形包括矩形框、菱形框和椭圆框。其中表示实体联系的是_____框。

6.在关系数据库中,从关系中找出满足给定条件的元组,该操作可称为_____。

7.函数 Mid("学生信息管理系统",3,2)的结果是_____。

8.用 SQL 语句实现查询表名为"图书表"中的所有记录,应该使用的 SELECT 语句是:Select_____。

9.Access 的窗体或报表事件可以有两种方法来响应:宏对象和_____。

10.子过程 Test 显示一个如下所示 4×4 的乘法表。

1 * 1＝1	1 * 2＝2	1 * 3＝3	1 * 4＝4
2 * 2＝4	2 * 3＝6	2 * 4＝8	
3 * 3＝9	3 * 4＝12		
4 * 4＝16			

请在空白处填入适当的语句使子过程完成指定的功能。

```
Sub Text()
    Dim i, j As Integer
    For i＝1 To 4
        For j＝1 To 4
            If _____ Then
                Debug. Print i & " * " & j &"＝" & i * j & Space(2),
            End If
        Next j
        Debug. Print
    Next i
End Sub
```

11. 有"数字时钟"窗体如下：

在窗口中有"[开/关]时钟"按钮，单击该按钮可以显示或隐藏时钟。其中按钮的名称为"开关"，显示时间的文本框名称为"时钟"，计时器间隔已设置为 500。请在空白处填入适当的语句，使程序可以完成指定的功能。

```
Dim flag As Integer
Private Sub Form_Load()
    flag=1
End Sub
Private Sub Form_Timer()  '"计时器触发"事件过程
    时钟＝Time        '在"时钟"文本框中显示当前时间
End Sub
Private Sub 开关_Click()  '"开关"按钮的单击事件过程
    If _____ Then
        时钟.Visible = False
        flag=0
    Else
        时钟.Visible＝True
        flag=1
    End If
End Sub
```

12. 窗体中有两个命令按钮："显示"（控件名为 cmdDisplay）和"测试"（控件名为 cmdTest）。单击"测试"按钮时，执行的事件功能是：首先弹出消息框，若单击其中的"确定"按钮，则隐藏窗体上的"显示"按钮；否则直接返回到窗体中。请在空白处填入适当的语句，使程序可以完成指定的功能。

```
Private Sub cmdTest_Click()
Answer=_____("隐藏按钮?",vbOKCancel + vbQuestion, "Msg")
If Answer = vbOK Then
Me ! cmdDisplay.Visible=_____
End If
End Sub
```

13. 对窗体 test 上文本框控件 txtAge 中输入的学生年龄数据进行验证。要求：该文本框中只接受大于等于 15 且小于等于 30 的数值数据，若输入超出范围则给出提示信息。该文本控件的 BeforeUpdate 事件过程代码如下，请在空白处填入适当的语句，使程序可以完成指定的功能。

```
Private Sub txtAge_BeforeUpdate(Cancel As Integer)
    If Me! txtAge = " " or _____(Me ! txtAge) Then
        '数据为空时的验证
        MsgBox "年龄不能为空!", vbCritical, "警告"
        Cancel = True    '取消 BeforeUpdate 事件
    ElseIf IsNumeric (Me! txtAge) = False Then
        '非数值数据输入的验证
        MsgBox "年龄必须输入数值数据!", vbCritical, "警告"
        Cancel = True    '取消 BeforeUpdate 事件
```

< 56 >

```
    ElseIf Me! txtAge < 15 Or Me! txtAge _____ Then
        '非法范围数据输入的验证
        MsgBox "年龄为 15～30 范围数据!"，vbCritical，"警告"
        Cancel＝True    '取消 BeforeUpdate 事件
    Else    '数据验证通过
        MsgBox "数据验证 OK!"，vbInformation，"通告"
    End If
End Sub
```

< 57 >

第10套　笔试考试试题

一、选择题

1. 下列数据结构中,属于非线性结构的是(　　)。
   A. 循环队列　　　　　　　　　　　　　　B. 带链队列
   C. 二叉树　　　　　　　　　　　　　　　D. 带链栈

2. 下列数据结构中,能够按照"先进后出"原则存取数据的是(　　)。
   A. 循环队列　　　　　　　　　　　　　　B. 栈
   C. 队列　　　　　　　　　　　　　　　　D. 二叉树

3. 对于循环队列,下列叙述中正确的是(　　)。
   A. 队头指针是固定不变的　　　　　　　　B. 队头指针一定大于队尾指针
   C. 队头指针一定小于队尾指针　　　　　　D. 队头指针可以大于队尾指针,也可以小于队尾指针

4. 算法的空间复杂度是指(　　)。
   A. 算法在执行过程中所需要的计算机存储空间　　B. 算法所处理的数据量
   C. 算法程序中的语句或指令条数　　　　　　　　D. 算法在执行过程中所需要的临时工作单元数

5. 软件设计中划分模块的一个准则是(　　)。
   A. 低内聚低耦合　　　　　　　　　　　　B. 高内聚低耦合
   C. 低内聚高耦合　　　　　　　　　　　　D. 高内聚高耦合

6. 下列选项中不属于结构化程序设计原则的是(　　)。
   A. 可封装　　　　　　　　　　　　　　　B. 自顶向下
   C. 模块化　　　　　　　　　　　　　　　D. 逐步求精

7. 软件详细设计产生的图如右图所示:
   该图是(　　)。
   A. N-S 图　　　　　　　　　　　　　　B. PAD 图
   C. 程序流程图　　　　　　　　　　　　　D. E-R 图

8. 数据库管理系统是(　　)。
   A. 操作系统的一部分　　　　　　　　　　B. 在操作系统支持下的系统软件
   C. 一种编译系统　　　　　　　　　　　　D. 一种操作系统

9. 在 E-R 图中,用来表示实体联系的图形是(　　)。
   A. 椭圆形　　　　　　　　　　　　　　　B. 矩形
   C. 菱形　　　　　　　　　　　　　　　　D. 三角形

10. 有 3 个关系 R,S 和 T 如下:

R				S				T		
A	B	C		A	B	C		A	B	C
a	1	2		d	3	2		a	1	2
b	2	1						b	2	1
c	3	1						c	3	1
								d	3	2

其中关系 T 由关系 R 和 S 通过某种操作得到,该操作为(　　)。
A. 选择　　　　　　　　　　　　　　　B. 投影
C. 交　　　　　　　　　　　　　　　　D. 并

11. Access 数据库的结构层次是( )。

A. 数据库管理系统→应用程序→表   B. 数据库→数据表→记录→字段

C. 数据表→记录→数据项→数据   D. 数据表→记录→字段

12. 某宾馆中有单人间和双人间两种客房,按照规定,每位入住该宾馆的客人都要进行身份登记。宾馆数据库中有客房信息表(房间号,……)和客人信息表(身份证号,姓名,来源,……);为了反映客人入住客房的情况,客房信息表与客人信息表之间的联系应设计为( )。

A. 一对一联系   B. 一对多联系

C. 多对多联系   D. 无联系

13. 在学生表中要查找所有年龄小于20岁且姓王的男生,应采用的关系运算是( )。

A. 选择   B. 投影

C. 连接   D. 比较

14. 在 Access 中,可用于设计输入界面的对象是( )。

A. 窗体   B. 报表

C. 查询   D. 表

15. 下列选项中,不属于 Access 数据类型的是( )。

A. 数字   B. 文本

C. 报表   D. 时间/日期

16. 下列关于 OLE 对象的叙述中,正确的是( )。

A. 用于输入文本数据   B. 用于处理超级链接数据

C. 用于生成自动编号数据   D. 用于链接或内嵌 Windows 支持的对象

17. 在关系窗口中,双击两个表之间的连接线,会出现( )。

A. 数据表分析向导   B. 数据关系图窗口

C. 连接线粗细变化   D. 编辑关系对话框

18. 在设计表时,若输入掩码属性设置为"LLLL",则能够接收的输入是( )。

A. abcd   B. 1234

C. AB+C   D. ABa9

19. 在数据表中筛选记录,操作的结果是( )。

A. 将满足筛选条件的记录存入一个新表中

B. 将满足筛选条件的记录追加到一个表中

C. 将满足筛选条件的记录显示在屏幕上

D. 用满足筛选条件的记录修改另一个表中已存在的记录

20. 已知"借阅"表中有"借阅编号"、"学号"和"借阅图书编号"等字段,每个学生每借阅一本书生成一条记录,要求按学生学号统计出每个学生的借阅次数,下列 SQL 语句中,正确的是( )。

A. Select 学号, count(学号) from 借阅   B. Select 学号, count(学号) from 借阅 group by 学号

C. Select 学号, sum(学号) from 借阅   D. Select 学号, sum(学号) from 借阅 order by 学号

21. 在学生借书数据库中,已有"学生"表和"借阅"表,其中"学生"表含有"学号"、"姓名"等信息,"借阅"表含有"借阅编号"、"学号"等信息。若要找出没有借过书的学生记录,并显示其"学号"和"姓名",则正确的查询设计是( )。

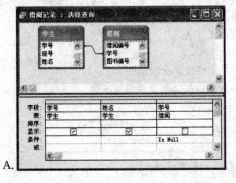

A.

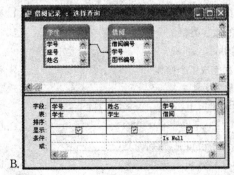

B.

< 59 >

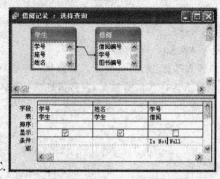

C.   D.

22. 启动窗体时,系统首先执行的事件过程是(   )。

A. Load   B. Click

C. Unload   D. GotFocus

23. 在设计报表的过程中,如果要进行强制分页,应使用的工具图标是(   )。

A. [图]   B. [图]   C. [图]   D. [图]

24. 下列操作中,适合使用宏的是(   )。

A. 修改数据表结构   B. 创建自定义过程

C. 打开或关闭报表对象   D. 处理报表中错误

25. 执行语句:MsgBox "AAAA", vbOKCancel+vbQuetion, "BBBB"之后,弹出的信息框(   )。

A. 标题为"BBBB"、框内提示符为"惊叹号"、提示内容为"AAAA"

B. 标题为"AAAA"、框内提示符为"惊叹号"、提示内容为"BBBB"

C. 标题为"BBBB"、框内提示符为"问号"、提示内容为"AAAA"

D. 标题为"AAAA"、框内提示符为"问号"、提示内容为"BBBB"

26. 窗体中有 3 个命令按钮,分别命名为 Command1、Command2 和 Command3。单击 Command1 按钮时,Command2 按钮变为可用,Command3 按钮变为不可见。在下列 Command1 的单击事件过程中,正确的是(   )。

A. private sub Command1_Click()   B. private sub Command1_Click()
   Command2. Visible = true   Command2. Enable = true
   Command3. Visible = false   Command3. Enable = false
   End Sub   End Sub

C. private sub Command1_Click()   D. private sub Command1_Click()
   Command2. Enable = true   Command2. Visible = true
   Command3. Visible = false   Command3. Enable = false
   End Sub   End Sub

27. 用于获得字符串 S 最左边 4 个字符的函数是(   )。

A. Left(S, 4)   B. Left(S,1, 4)

C. Left str(S, 4)   D. Left str(S,1,4)

28. 窗体 Caption 属性的作用是(   )。

A. 确定窗体的标题   B. 确定窗体的名称

C. 确定窗体的边界类型   D. 确定窗体的字体

29. 下列叙述中,错误的是(   )。

A. 宏能够一次完成多个操作   B. 可以将多个宏组成一个宏组

C. 可以用编程的方法来实现宏   D. 宏命令一般由动作名和操作参数组成

30. 下列程数据类型中,不属于 VBA 的是(   )。

A. 长整型   B. 布尔型   C. 变体型   D. 指针型

31. 下列数组声明语句中,正确的是(   )。

A. Dim A [3,4] As Integer   B. Dim A (3,4) As Integer

< 60 >

C. Dim A [3;4] As Integer   D. Dim A (3;4) As Integer

32.在窗体中有一个文本框 Test1,编写事件代码如下:

```
Private Sub Form_Click()
    X= val (Inputbox("输入 x 的值"))
    Y= 1
    If X<>0 Then Y= 2
        Text1. Value = Y
End Sub
```

打开窗体运行后,在输入框中输入整数 12,文本框 Text1 中输出的结果是(   )。

A. 1   B. 2   C. 3   D. 4

33.在窗体中有一个命令按钮 Command1 和一个文本框 Test1,编写事件代码如下:

```
Private Sub Command1_Click()
    For i = 1 To 4
        x = 3
        For j = 1 To 3
            For k = 1 To 2
                x= x + 3
            Next k
        Next j
    Next i
    Text1. Value = Str(x)
End Sub
```

打开窗体运行后,单击命令按钮,文本框 Text1 中输出的结果是(   )。

A. 6   B. 12   C. 18   D. 21

34.在窗体中有一个命令按钮 Command1,编写事件代码如下:

```
Private Sub Command1_Click()
    Dim s As Integer
    s = p(1) + p(2) + p(3) + p(4)
    debug. Print s
End Sub
Public Function p (N As Integer)
    Dim Sum As Integer
    Sum = 0
    For i = 1 To N
        Sum = Sum + 1
    Next i
    P = Sum
End Function
```

打开窗体运行后,单击命令按钮,输出的结果是(   )。

A. 15   B. 20   C. 25   D. 35

35.下列过程的功能是:通过对象变量返回当前窗体的 Recordset 属性记录集引用,消息框中输出记录集的记录(即窗体记录源)个数。

```
Sub GetRecNum( )
    Dim rs As Object
    Set rs = Me. Recordset
```

< 61 >

MsgBox

End Sub

程序空白处应填写的是( )。

A. Count

B. rs. Count

C. RecordCount

D. rs. RecordCount

二、填空题

1.某二叉树有 5 个度为 2 的结点以及 3 个度为 1 的结点,则该二叉树中共有_____个结点。

2.程序流程图中的菱形框表示的是_____。

3.软件开发过程主要分为需求分析、设计、编码与测试四个阶段,其中_____阶段产生"软件需求规格说明书"。

4.在数据库技术中,实体集之间的联系可以是一对一或一对多或多对多的,那么"学生"和"可选课程"的联系为_____。

5.人员基本信息一般包括:身份证号,姓名,性别,年龄等。其中可以作为主关键字的是_____。

6.Access 中若要将数据库中的数据发布到网上,应采用的对象是_____。

7.在一个查询集中,要将指定的记录设置为当前记录,应该使用的宏操作命令是_____。

8.当文本框中的内容发生了改变时,触发的事件名称是_____。

9.在 VBA 中求字符串的长度可以使用函数_____。

10.要将正实数 x 保留两位小数,若采用 Int 函数完成,则表达式为_____。

11.在窗体中有两个文本框分别为 Text1 和 Text2,一个命令按钮 Command1,编写如下两个事件过程:

Private Sub Command1_Click( )

　a = Text1. Value + Text2. Value

　MsgBox a

End Sub

Private Sub Form_Load( )

　Text1. Value = ""

　Text2. Value = ""

End Sub

程序运行时,在文本框 Text1 中输入 78,在文本框中 Text2 输入 87,单击命令按钮,消息框中输出的结果为_____。

12.某次大奖赛有 7 个评委同时为一位选手打分,去掉一个最高分和一个最低分,其余 5 个分数的平均值为该名参赛者的最后得分。请填空完成规定的功能。

Sub command1_click( )

　Dim mark!, aver!, i%,max1!,min1!

　aver = 0

　For i = 1 To 7

　　Mark = InputBox("请输入第"& i & "位评为的打分")

　　If i = 1 then

　　　max1 =mark : min1=mark

　　Else

　　　If mark < min1 then

　　　　min1= mark

　　　ElseIf mark> max1 then

　　　　_____

　　　End If

　　End If

　　_____

　Next i

< 62 >

```
        aver = (aver - max1- min1)/5
        MsgBox aver
    End Sub
```

13."学生成绩"表含有字段(学号,姓名,数学,外语,专业,总分)。下列程序的功能是:计算每名学生的总分(总分＝数学＋外语＋专业)。请在程序空白处填入适当语句,使程序实现所需要的功能。

```
Private Sub Command1_Click( )
    Dim cn As New ADODB. Connection
    Dim rs As New ADODB. Recordset
    Dim zongfen As New ADODB. Fileld
    Dim shuxue As New ADODB. Fileld
    Dim waiyu As New ADODB. Fileld
    Dim zhuanye As New ADODB. Fileld
    Dim strSQL As Sting
    Set cn = CurrentProject. Connection
    StrSQL = "Select * from 成绩表"
    rs. OpenstrSQL，cn，adOpenDynamic，adLockptimistic，adCmdText
    Set zongfen = rs. Filelds("总分")
    Set shuxue = rs. Filelds("数学")
    Set waiyu = rs. Filelds("外语")
    Set zhuanye = rs. Filelds("专业")
    Do while _____
        Zongfen = shuxue + waiyu + zhuanye

        _____
        rs. MoveNext
    Loop
    rs. close
    cn. close
    Set rs = Nothing
    Set cn = Nothing
End Sub
```

第11套　笔试考试试题

一、选择题

1.下列叙述中正确的是( )。

A.对长度为 n 的有序链表进行查找,最坏情况下需要的比较次数为 n

B.对长度为 n 的有序链表进行对分查找,最坏情况下需要的比较次数为(n/2)

C.对长度为 n 的有序链表进行对分查找,最坏情况下需要的比较次数为(log2n)

D.对长度为 n 的有序链表进行对分查找,最坏情况下需要的比较次数为(n log2n)

2.算法的时间复杂度是指( )。

A.算法的执行时间 　　　　　　　　　　B.算法所处理的数据量

C.算法程序中的语句或指令条数 　　　　D.算法在执行过程中所需要的基本运算次数

3.软件按功能可以分为:应用软件、系统软件和支撑软件(或工具软件),下面属于系统软件的是( )。

A.编辑软件 　　　　　　　　　　　　　B.操作系统

C.教务管理系统 　　　　　　　　　　　D.浏览器

4.软件(程序)调试的任务是( )。

A.诊断和改正程序中的错误 　　　　　　B.尽可能多地发现程序中的错误

C.发现并改正程序中的所有错误 　　　　D.确定程序中错误的性质

5.数据流程图(DFD 图)是( )。

A.软件概要设计的工具 　　　　　　　　B.软件详细设计的工具

C.结构化方法的需求分析工具 　　　　　D.面向对象方法的需求分析工具

6.软件生命周期可分为定义阶段,开发阶段和维护阶段。详细设计属于( )。

A.定义阶段 　　　　　　　　　　　　　B.开发阶段

C.维护阶段 　　　　　　　　　　　　　D.上述 3 个阶段

7.数据库管理系统中负责数据模式定义的语言是( )。

A.数据定义语言 　　　　　　　　　　　B.数据管理语言

C.数据操纵语言 　　　　　　　　　　　D.数据控制语言

8.在学生管理的关系数据库中,存取一个学生信息的数据单位是( )。

A.文件 　　　　　　　　　　　　　　　B.数据库

C.字段 　　　　　　　　　　　　　　　D.记录

9.数据库设计中,用 E—R 图来描述信息结构但不涉及信息在计算机中的表示,它属于数据库设计的( )。

A.需求分析阶段 　　　　　　　　　　　B.逻辑设计阶段

C.概念设计阶段 　　　　　　　　　　　D.物理设计阶段

10.有两个关系 R 和 T 如下:

R				T		
A	B	C		A	B	C
a	1	2		c	3	2
b	2	2		d	3	2
c	3	2				
d	3	2				

则由关系 R 得到关系 T 的操作是( )。

A.选择 　　　　　　　　　　　　　　　B.投影

C.交 　　　　　　　　　　　　　　　　D.并

11.下列关于关系数据库中数据表的描述,正确的是(　　)。

A.数据表相互之间存在联系,但用独立的文件名保存

B.数据表相互之间存在联系,是用表名表示相互间的联系

C.数据表相互之间不存在联系,完全独立

D.数据表既相对独立,又相互联系

12.下列对数据输入无法起到约束作用的是(　　)。

A.输入掩码 　　　　　　　　　　　　B.有效性规则

C.字段名称 　　　　　　　　　　　　D.数据类型

13. Access 中,设置为主键的字段(　　)。

A.不能设置索引 　　　　　　　　　　B.可设置为"有(有重复)"索引

C.系统自动设置索引 　　　　　　　　D.可设置为"无"索引

14.输入掩码字符"&"的含义是(　　)。

A.必须输入字母或数字 　　　　　　　B.可以选择输入字母或数字

C.必须输入一个任意的字符或一个空格 　D.可以选择输入任意的字符或一个空格

15.在 Access 中,如果不想显示数据表中的某些字段,可以使用的命令是(　　)。

A.隐藏 　　　　　　　　　　　　　　B.删除

C.冻结 　　　　　　　　　　　　　　D.筛选

16.通配符"#"的含义是(　　)。

A.通配任意个数的字符 　　　　　　　B.通配任何单个字符

C.通配任意个数的数字字符 　　　　　D.通配任何单个数字字符

17.若要求在文本框中输入文本时达到密码"*"的显示结果,则应该设置的属性是(　　)。

A.默认值 　　　　　　　　　　　　　B.有效性文本

C.输入掩码 　　　　　　　　　　　　D.密码

18.假设"公司"表中有编号、名称和法人等字段,查找公司名称中有"网络"二字的公司信息,正确的命令是(　　)。

A.SELECT ＊ FROM 公司 FOR 名称´＊网络＊´

B.SELECT ＊ FROM 公司 FOR 名称 LIKE´＊网络＊´

C.SELECT ＊ FROM 公司 WHERE 名称＝´＊网络＊´

D.SELECT ＊ FROM 公司 WHERE 名称 LIKE´＊网络＊´

19.利用对话框提示用户输入查询条件,这样的查询属于(　　)。

A.选择查询 　　　　　　　　　　　　B.参数查询

C.操作查询 　　　　　　　　　　　　D.SQL 查询

20.在 SQL 查询中"GROUP BY"的含义是(　　)。

A.选择行条件 　　　　　　　　　　　B.对查询进行排序

C.选择列字段 　　　　　　　　　　　D.对查询进行分组

21.在调试 VBA 程序时,能自动被检查出来的错误是(　　)。

A.语法错误 　　　　　　　　　　　　B.逻辑错误

C.运行错误 　　　　　　　　　　　　D.语法错误和逻辑错误

22.为窗体或报表的控件设置属性值的正确宏操作命令是(　　)。

A.Set 　　　　　　　　　　　　　　B.SetData

C.SetValue 　　　　　　　　　　　　D.SetWarnings

23.在已建窗体中有一命令按钮(名为 Command1),该按钮的单击事件对应的 VBA 代码为:

Private Sub Command1_Click()

　　subT. Form. RecordSource ＝ ´select ＊ from 雇员´

End Sub

单击该按钮实现的功能是(　　)。

A. 使用 select 命令查找"雇员"表中的所有记录

B. 使用 select 命令查找并显示"雇员"表中的所有记录

C. 将 subT 窗体的数据来源设置为一个字符串

D. 将 subT 窗体的数据来源设置为"雇员"表

24. 在报表设计过程中,不适合添加的控件是(   )。

A. 标签控件   B. 图形控件

C. 文本框控件   D. 选项组控件

25. 下列关于对象"更新前"事件的叙述中,正确的是(   )。

A. 在控件或记录的数据变化后发生的事件   B. 在控件或记录的数据变化前发生的事件

C. 当窗体或控件接收到焦点时发生的事件   D. 当窗体或控件失去了焦点时发生的事件

26. 下列属于通知或警告用户的命令是(   )。

A. PrintOut   B. OutPutTo

C. MsgBox   D. SetWarnings

27. 能够实现从指定记录集里检索特定字段值的函数是(   )。

A. Nz   B. Find

C. Lookup   D. DLookup

28. 如果 x 是一个正的实数,保留两位小数,将千分位四舍五入的表达式是(   )。

A. 0.01 * Int(x+0.05)   B. 0.01 * Int(100 * (x+0.005))

C. 0.01 * Int(x+0.005)   D. 0.01 * Int(100 * (x+0.05))

29. 在模块的声明部分使用"OptionBase1"语句,然后定义二维数组 A(2 to 5,5),则该数组的元素个数为(   )。

A. 20   B. 24

C. 25   D. 36

30. 由"For i=1 To 9 Step -3"决定的循环结构,其循环体将被执行(   )。

A. 0 次   B. 1 次

C. 4 次   D. 5 次

31. 在窗体上有一个命令按钮 Command1 和一个文本框 Text1,编写事件代码如下:

```
Private Sub Command1_Click()
  Dim i,j,x
  For i=1 To 20 step 2
    x=0
    For j=i To 20 step 3
      x=x+1
    Next j
  Next i
    Text1. Value=Str(x)
End Sub
```

打开窗体运行后,单击命令按钮,文本框中显示的结果是(   )。

A. 1   B. 7   C. 17   D. 400

32. 在窗体上有一个命令按钮 Command1,编写事件代码如下:

```
Private Sub Command1_Click()
  Dim y As Integet
  y=0
  Do
    y=Inout Box('y=')
    If (y Mod 10) + Int(y/10)=10 Then Debug. Print y;
```

< 66 >

```
        LoopUntil y = 0
End Sub
```

打开窗体运行后,单击命令按钮,依次输入 10、37、50、55、64、20、28、19、-19、0,则窗口上输出的结果是( )。

A. 37 55 64 28 19 19

B. 10 50 20

C. 10 50 20 0

D. 37 55 64 28 19

33. 在窗体上有一个命令按钮 Command1,编写事件代码如下:

```
Private Sub Command1_Click()
    Dim x As Integer, y As Integer
    x = 12 : y = 32
    Call Proc(x, y)
    Debug. Print x; y
End Sub
Public Sub proc(n As Integer, ByVal m As Integer)
    n = n Mod 10
    m = m Mod 10
End Sub
```

打开窗体运行后,单击命令按钮,窗口上输出的结果是( )。

A. 2 32 B. 12 3 C. 2 2 D. 12 32

34. 在窗体上有一个命令按钮 Command1,编写事件代码如下:

```
Private Sub Command1_Click()
    Dim d1 As Date
    Dim d2 As Date
    d1 = #12/25/2009#
    d2 = #1/5/2010#
    MsgBox DateDiff('ww', d1, d2)
End Sub
```

打开窗体运行后,单击命令按钮,消息框中输出的结果是( )。

A. 1 B. 2 C. 10 D. 11

35. 下列程序段的功能是实现"学生"表中"年龄"字段值加 1:

```
Dim Str As String
Str=''
Docmd. RunSQL Str
```

空白处应填入的程序代码是( )。

A. 年龄=年龄+1

B. Update 学生 Set 年龄=年龄+1

C. Set 年龄=年龄+1

D. Edit 学生 Set 年龄=年龄+1

二、填空题

1. 一个队列的初始状态为空。现将元素 A,B,C,D,E,F,5,4,3,2,1 依次入队,然后再依次退队则元素退队的顺序为_____。

2. 设某循环队列的容量为 50,如果头指针 front=45(指向队头元素的前一位置),尾指针 rear=10(指向队尾元素),则该循环队列中共有_____个元素。

3. 设二叉树如右;对该二叉树进行后序遍历的结果为_____。

4.软件是_____、数据和文档的集合。

5.有一个学生选课的关系,其中学生的关系模式为:学生(学号,姓名,班级,年龄),课程的关系模式为:课程(课号,课程名,学时),其中两个关系模式的键分别是学号和课号,则关系模式选课可定义为:选课(学号,_____,成绩)。

6.右图所示的窗体上有一个命令按钮(名称为 Command1)和一个选项组(名称为 Frame1),选项组上显示"Frame1"文本的标签控件名称为 Label1,若将选项组上显示文本"Frame1"改为汉字"性别",则使用的语句是_____。

7.在当前窗体上,若要实现将焦点移动到指定控件,应使用的宏操作命令是_____。

8.使用向导创建数据访问页时,在确定分组级别步骤中最多可设置_____个分组字段。

9.在窗体文本框 Text1 中输入"456Abc"后,窗口上立即输出的结果是_____。

```
Private Sub Text1_KeyPress(KeyAscii As Integer)
    Select Case KeyAscii
        Case 37 To 122
            Debug. Print Ucase(Chr(KeyAscii));
        Case 65 To 90
            Debug. Print Lcase(Chr(KeyAscii));
        Case 48 to 57
            Debug. Print Chr(KeyAscii);
        Case Else
            KeyAscii=0
    End Select
End Sub
```

10.在窗体上有一个命令按钮 Command1,编写事件代码如下:

```
Private Sub Command1_Click()
    Dim a(10), p(3) As Integer
    k=5
    For i=1 To 10
        a(i)=i * i
    Next i
    For i=1 To 3
        P(i) a(i * 1)
    Next i
    For i=1 To 3
        K=k+p(i) * 2
    Next i
    MsgBox k
End sub
```

打开窗体运行后,单击命令按钮,消息框中输出的结果是_____。

11.下列程序的功能是找出被5、7除,余数为1的最小的5个正整数,请在程序空白处填入适当的语句,使程序可以完成

< 68 >

指定的功能。

```
Private Sub Form_Click()
    Dim Ncount%, n%
    Ncount = 0
    n = 1
    Do
        n=n+1
        If _____ Then
            Debug. Print n
            Ncount = Ncount + 1
        End If
    Loop Until Ncount
End Sub
```

12. 以下程序的功能是在立即窗口中输出100～200之间所有的素数,并统计输出素数的个数,请在程序空白处填入适当的语句,使程序可以完成指定的功能。

```
Private Sub Command2_Click()
    Dim i%,j%,k%,t%        't 为统计素数的个数
    Dim b As Boolean
    For i=100 To 200
        b=True
        k=2
        j=Int(Sqr(i))
        Do While k<=j And b
            If i Mod k=0 Then
                b=_____
            End If
            k=_____
        Loop
        If b=True Then
            t=t+1
            Debug. Print i
        End If
    Next i
    Debug. Print 't=';t
End Sub
```

13. 数据库中有工资表,包括"姓名"、"工资"和"职称"等字段,现在对不同职称的职工增加工资,规定教授职称增加15%,副教授职称增加10%,其他人员增加5%,下列程序的功能是按照上述规定调整每位职工的工资,并显示所涨工资的总和。请在空白处填入适当的语句,使程序可以完成指定的功能。

```
Private Sub Command5_Click()
    Dim ws As DAO. Workspace
    Dim db As DAO. Database
    Dim rs As DAO. Recordset
    Dim gz As DAO. Field
    Dim zc As DAO. Field
    Dim sum As Currency
```

< 69 >

```
        Dim rate As Single
        Set db = CurrentDb()
        Set rs = db. OpenRecordset("工资表")
        Set gz = rs. Fields("工资")
        Set zc = rs. Fields("职称")
        sum = 0
        Do While Not _____
          rs. Edit
          Select Case zc
            Case Is = "教授"
              rate = 0.15
            Case Is = "副教授"
              rate = 0.1
            Case Else
              rate = 0.05
          End Select
          sum = sum + gz * rate
          gz = gz + gz * rate

          _____
          rs. MoveNext
        Loop
        rs. Close
        db. Close
        Set rs = Nothing
        Set db = Nothing
        MsgBox "涨工资总计:" & sum
      End Sub
```

< 70 >

第3章 上机考试试题

第1套 上机考试试题

一、基本操作题

(1)在考生文件夹下的"Acc1.mdb"数据库文件中,新建"产品"表,表结构如下:

字 段 名 称	数据类型	字段大小
产品 ID	自动编号	长整型
产品名称	文本	50
产品说明	文本	255
单价	货币	

(2)设置"产品 ID"为主键。

(3)设置"单价"字段的小数位数为2。

(4)在"产品"表中输入以下4条记录:

产品 ID	产品名称	产品说明	单　价
1	产品1	价格低廉	￥15.00
2	产品2	性能优越	￥40.00
3	产品3	性能优越	￥42.00
4	产品4	质量过关	￥10.00

二、简单应用题

在"Acc2.mdb"中有"雇员"、"商品"和"销售明细"3张表。

(1)创建 SQL 联合查询"查询1",显示雇员表中食品部门和雇员表中1982年出生的男雇员的记录。结果显示雇员号、雇员姓名、性别和所在部门字段。查询结果如图1所示。

雇员号	雇员姓名	性别	所在部门
1001	张重	男	家电
1002	刘量	男	家电
1007	李四	男	日用品
1008	王二	男	日用品
1010	王娟素	女	食品
1011	滔滔	男	食品
1012	孙百岁	男	食品
1013	王微宣	男	食品

图1

(2)创建带有 SQL 子查询的"查询2",显示1980年以后出生的雇员的全部信息。要求1980年后出生的雇员的查询在子查询中实现。查询结果如图2所示。

< 71 >

查询2：选择查询

雇员号	雇员姓名	性别	出生日期	电话	所在部门
1001	张东	男	1982-5-6	2201	家电
1002	刘量	男	1982-9-7	2201	家电
1003	李丽	女	1982-5-8	2201	家电
1006	刘三姐	女	1982-5-9	2202	日用品
1007	李四	男	1982-6-10	2202	日用品
1008	王二	男	1982-3-11	2202	日用品
1010	王绢素	女	1981-5-13	2203	食品
1011	滔滔	男	1982-5-14	2203	食品
1012	孙百岁	男	1982-2-25	2203	食品
1013	王微宣	男	1983-5-16	2203	食品

图2

三、综合应用题

在考生文件夹下有一个"Acc3.mdb"数据库，里面有一个报表对象"产品"，如图3所示。

(1)在报表的报表页眉节区添加一个标签控件，其名称为"bTitle"，标题显示为"产品"，字号设置为20磅。

(2)在页面页眉节区添加一个标签控件，其名称为"bPrice"，标题显示为"价格"。该控件放置在距上边0.1cm、距左边5.8cm的位置。

(3)在主体节区添加一个文本框控件，显示"产品"表的"价格"字段，其名称为"tPrice"。该控件放置在距上边0.1cm，距左边5.8cm的位置。宽度设置为1.5cm。

(4)在报表页脚节区添加一个文本框控件，计算并显示平均价格，其名称为"tAvg"。

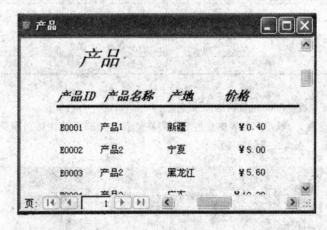

产品

产品ID	产品名称	产地	价格
E0001	产品1	新疆	￥0.40
E0002	产品2	宁夏	￥5.00
E0003	产品2	黑龙江	￥5.60

图3

第2套　上机考试试题

一、基本操作题

在"Acc1.mdb"数据库中有"部门"、"基本情况"和"职务"3张表。

(1)将"基本情况"表中的"职务"字段移动到"姓名"和"调入日期"字段之间。如图1所示。

< 72 >

基本情况 : 表							
人员编号	姓名	职务	调入日期	出生日期	电话	部门ID	工资
2	于天	总经理	1999-5-6	1978-7-3	13811442653	1	¥8,200.00
4	张青	部门经理	2000-5-4	1979-3-12	86251236	1	¥5,200.00
5	刘梅	部门经理	2000-2-17	1979-12-3	86251426	2	¥6,200.00
7	王胜花	组长	2001-3-6	1977-4-16	13102562513	2	¥3,700.00
8	孙海	组长	2001-5-14	1979-4-15	13822661413	3	¥3,600.00
9	郑海良	普通员工	2002-4-3	1979-5-22	13601115623	2	¥2,250.00
10	刘田静	普通员工	2000-8-9	1980-3-25	13025641133	3	¥2,250.00
11	许丽丽	普通员工	2003-4-3	1980-5-6	13315425612	2	¥2,250.00
(自动编号)						0	¥0.00

记录: |◀ ◀ 1 ▶ ▶| ▶* 共有记录数: 8

图 1

(2)将该表的行高设置为14,按照"调入日期"进行升序排列。

(3)将"职务"表和"基本情况"表的关系设置为一对多,实施参照完整性。

(4)将"部门"表和"基本情况"表的关系设置为一对多,实施参照完整性。

二、简单应用题

在"Acc2.mdb"数据库中有"售货员信息"、"库存数据"和"销售数据"3张表。

(1)以"销售数据"、"售货员信息"和"库存数据"表为数据源,创建参数查询"按货号查询销售金额",实现通过输入货号显示该产品的销售金额。参数提示为"请输入货号",结果显示"货号"、"货名"和"销售金额"字段。其中销售金额=Sum([销售数据]![销售价格])。查询结果如图2所示。

图 2

(2)创建"销售金额查询"宏,运行"按货号查询销售金额"查询。

三、综合应用题

在考生文件夹下有"Acc3.mdb"数据库。

(1)以"学生"表为数据源,创建"输入学生信息"窗体,窗体显示学生表的全部字段。用组合框绑定"性别"字段。在页脚中添加"添加记录"、"保存记录"和"关闭窗体"按钮,分别实现添加记录、保存记录和关闭窗体操作。在页眉中添加"输入学生信息"标签(宋体12号字,居中显示)。设置窗体宽度为8.099cm,弹出方式。窗体显示效果如图3所示。

图 3

(2)以课程成绩表为数据源,创建图表窗体"选课统计",统计选修每门课程的人数。图表字段为"课程编号",图表类型为"柱形图",图表标题为"课程成绩"。窗体显示效果如图 4 所示。

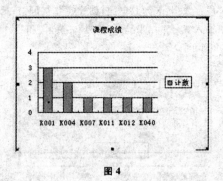

图 4

第 3 套　上机考试试题

一、基本操作题

在考生文件夹中有"雇员.xls"。

(1)创建"Acc1.mdb"数据库。

(2)将"雇员.xls"表导入数据库,第一行包含列标题,主键为雇员号,将导入表命名为"雇员"。

(3)将"雇员号"字段大小设置为5。

(4)设置"性别"字段默认值为"男",有效性规则设置为"男"或"女"。"雇员"表如图 1 所示。

雇员号	雇员姓名	性别	出生日期	电话	所在部门
1001	张重	男	1982-5-6	2201	家电
1002	刘量	男	1982-9-7	2201	家电
1003	李丽	女	1982-5-8	2201	家电
1006	刘三姐	女	1982-5-9	2202	日用品
1007	李四	男	1982-6-10	2202	日用品
1008	王二	男	1982-3-11	2202	日用品
1009	赵六	男	1980-11-12	2202	日用品
1010	王绢索	女	1981-5-13	2203	食品
1011	滔滔	男	1982-5-14	2203	食品
1012	孙百岁	男	1982-2-25	2203	食品
1013	王微宣	男	1983-5-16	2203	食品

图 1

< 74 >

二、简单应用题

在"Acc2. mdb"中有"部门"、"基本情况"和"职位"3 张表。

(1)以"基本情况"表为数据源,创建查询"经理信息",查询各部门经理的信息。结果显示"姓名"、"职务"和"电话"字段。

(2)用 SQL 语句修改"经理信息"查询,使查询结果显示 2000 年以后调入的经理的信息。查询结果如图 2 所示。

经理信息:选择查询		
姓名	**职务**	**电话**
王成科	研发部经理	13648952630
刘欣昌	人力资源部经理	13911708071
*		

图 2

三、综合应用题

在考生文件夹下有"Acc3. mdb"数据库。

(1)以"产品"、"订单"和"订单明细"3 张表为数据源,创建查询"订单明细查询",查询每个订单的信息和利润。结果显示 "订单 ID"、"产品名称"、"单价"、"数量"、"折扣"和"利润"字段,利润=[订单明细]! [单价]*[订单明细]! [数量]*[订单 明细]! [折扣]-[产品]! [单价]*[订单明细]! [数量]。查询结果如图 3 所示。

订单明细查询:选择查询					
订单ID	**产品名称**	**单价**	**数量**	**折扣**	**利润**
A000001	地带毛巾	￥6.80	5	0.90	￥2.60
A000002	天津洗衣粉	￥4.00	10	0.90	￥10.00
A000003	打火机	￥3.20	20	0.90	￥37.60
A000004	舒肤佳香皂	￥4.50	10	0.90	￥5.50
A000005	舒肤佳香皂	￥4.50	11	0.88	￥5.06
A000006	天津洗衣粉	￥4.00	15	0.90	￥15.00
A000007	打火机	￥3.20	20	0.88	￥36.32
*					

图 3

(2)以"订单明细查询"为数据源,创建窗体"订单明细查询"。布局:纵栏表;样式:标准,选择弹出方式。

(3)为窗体添加页眉标签"订单明细表"(宋体,12 号字)。

(4)在窗体页脚中添加标题为"总利润"(Label_1)的标签和名称为"Text_1"的文本框,文本框控件来源为利润合计。"订 单明细查询"窗体的效果如图 4 所示。

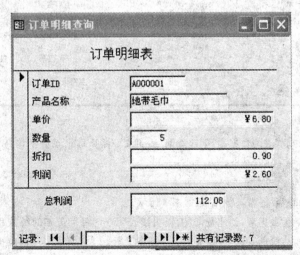

图 4

第 4 套　上机考试试题

一、基本操作题

在“Acc1. mdb”数据库中有“订单”表和“雇员”表。

(1)按照下表的要求建立“订单明细”表,“折扣”字段的有效性规则为“>0and<=1”。

字段名称	字段类型	字段大小	是否主键
订单 ID	文本	10	是
产品 ID	文本	5	
单价	货币		
数量	数字	整型	
折扣	数字	单精度(2 位小数,固定格式)	

(2)在“订单明细”表中输入如下数据。

订单 ID	产品 ID	单价	数量	折扣
A000001	A1020	¥110.50	5	0.90

(3)根据“雇员”表使用报表向导创建“雇员”报表,要求报表中包含“雇员”表中的全部字段,全部使用报表向导的默认值。

(4)将“订单”表和“订单明细”表的关系设置为一对一,实施参照完整性。

二、简单应用题

在“Acc2. mdb”数据库中有“入学登记”表、“系和专业”表。

(1)以“入学登记”表、系和专业表为数据源,创建生成表查询“查询 1”,生成“入学明细”表,生成“ID”、“姓名”、“性别”、“出生年月日”、“高考所在地”、“高考分数”、“专业名称”和“系名称”字段。查询结果如图 1 所示。

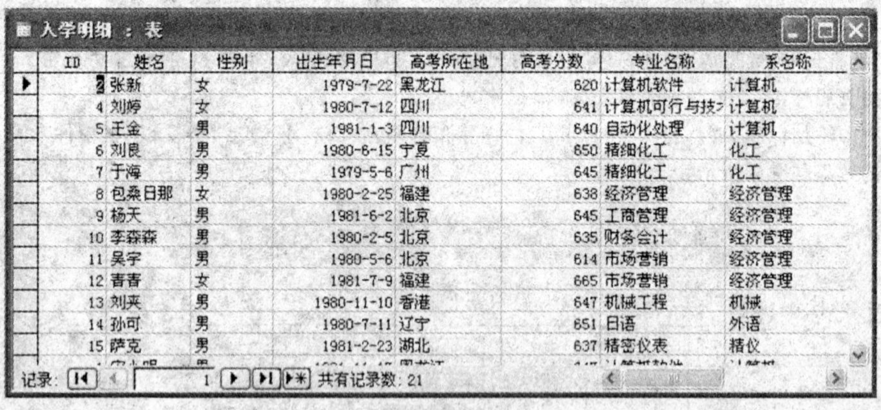

ID	姓名	性别	出生年月日	高考所在地	高考分数	专业名称	系名称
2	张新	女	1979-7-22	黑龙江	620	计算机软件	计算机
4	刘婷	女	1980-7-12	四川	641	计算机可行与技	计算机
5	王金	男	1981-1-3	四川	640	自动化处理	计算机
6	刘良	男	1980-6-15	宁夏	650	精细化工	化工
7	于海	男	1979-5-6	广州	645	精细化工	化工
8	包桑日那	女	1980-2-25	福建	638	经济管理	经济管理
9	杨天	男	1981-6-2	北京	645	工商管理	经济管理
10	李森森	男	1980-2-5	北京	635	财务会计	经济管理
11	吴宇	男	1980-5-6	北京	614	市场营销	经济管理
12	青青	女	1981-7-9	福建	665	市场营销	经济管理
13	刘爽	男	1980-11-10	香港	647	机械工程	机械
14	孙可	男	1980-7-11	辽宁	651	日语	外语
15	萨克	男	1981-2-23	湖北	637	精密仪表	精仪

图 1

(2)以“入学登记”表、“系和专业”表为数据源,创建查询“查询 2”,计算每个系的平均高考分数。结果显示“系名称”和“高考分数”字段,如图 2 所示。

三、综合应用题

在考生文件夹中有“Acc3. mdb”数据库,显示结果如图 3 所示。

(1)以“部门人员”和“工资”表为数据源,创建查询“工资明细表”,查询每个员工的税前和税后工资。结果显示员工“姓名”、“税前工资”和“税后工资”字段,税前工资=[工资表]! [基本工资]+[工资表]! [岗位工资]-[工资表]! [住房补助]-[工资表]! [保险]。税后工资=税前工资 0.95。

(2)以“工资明细表”查询为数据源,自动创建纵栏式窗体“工资明细表”,并在窗体页眉中添加标签“工资明细表”(宋体、12 号、加粗)。

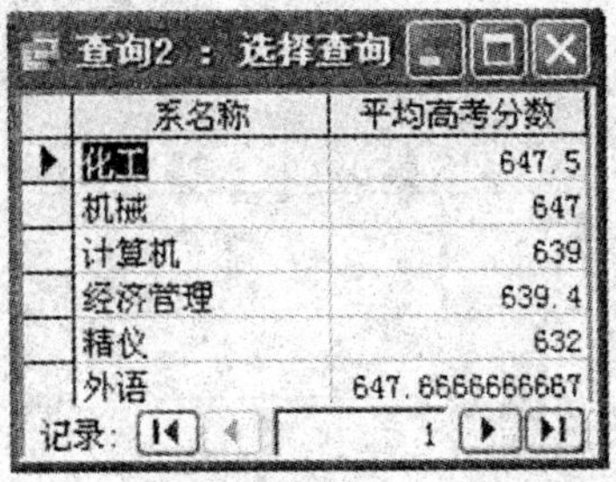

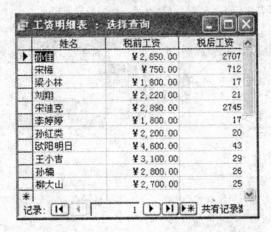

图 2

(3)增加一个文本标签"纳税额"(名称为"Label_纳税额")及显示纳税额的文本框(名称为"Text_纳税额")。

(4)将税前工资、税后工资及纳税额所对应的文本框格式均改为"货币",小数位数改为"2"。

图 3

第 5 套 上机考试试题

一、基本操作题

在考生文件夹中的"Acc1.mdb"数据库中有"部门信息"表、"工资"表、"部门人员"表和"产品"表4张表。

(1)将考生文件夹中的"订单.xls"导入到数据库中,第一行包含列标题,其中"订单ID"为主键,导入表并命名为"订单"。

(2)按照下表的要求修改"订单"表的设计。

字段名称	字段类型	字段大小	是否主键
订单 ID	文本	5	是
产品 ID	文本	5	
数量	数字	整型	
客户 ID	文本	5	
定购日期	日期时间	短日期	
员工 ID	文本	5	

(3)设置"产品"表到"订单"表的关系为一对多,实施参照完整性。

二、简单应用题

(1)以"职位"表和"求职"表为数据源,创建查询"查询1",统计每个职位的求职人数。结果显示"职位编号"和"求职人数"字段。查询结果如图1所示。

职位编号	求职人数
Z0001	4
Z0004	5
Z0014	1
Z0015	4
Z0021	4
Z0032	5
Z0048	4

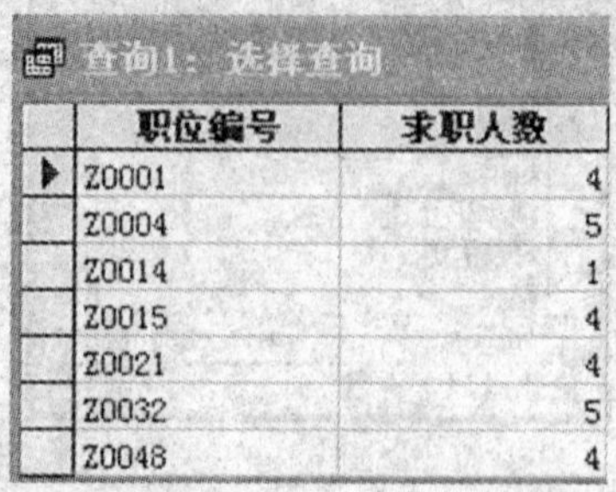

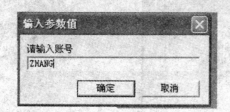

图 1

(2)以个人信息、求职和职位表为数据源，创建参数查询“按账号查询求职信息”，实现输入账号查询求职信息。参数提示为“请输入账号”，结果显示“账号”、“职位编号”和“职位信息”。查询结果如图 2 所示。

账号	职位编号	职位信息
ZHANG	Z0001	能数量阅读英文材
ZHANG	Z0048	形象好，能力强
ZHANG	Z0032	英语四级

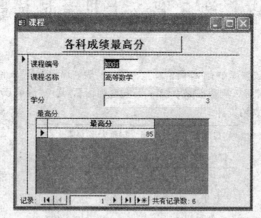

图 2

三、综合应用题

在考生文件夹中有“Acc3. mdb”数据库。

(1)以“课程成绩”表为数据源，创建分组统计查询“最高分”，结果显示课程编号和最高分。

(2)以“课程”表为数据源，自动创建纵栏式窗体“课程”。

(3)在“课程”窗体中添加以最高分为数据源的子窗体“最高分”，子窗体显示“最高分”字段。

(4)在窗体页眉(高度 1cm)中加入标签 Label_1，标题为“各科成绩最高分”，特殊效果为凸起，宋体、加粗，14 号字。

(5)去除子窗体的记录导航栏。“课程”窗体显示效果如图 3 所示。

图 3

第 6 套 上机考试试题

一、基本操作题

在考生文件夹中有“Acc1. mdb”数据库。

(1)将“部门信息”表到“产品”表的关系设置为一对多，实施参照完整性。

(2)修改"部门人员"表筛选的设计,筛选出部门ID为S01且"性别"为女性的信息。"部门人员"表如图1所示。筛选后的结果如图2所示。

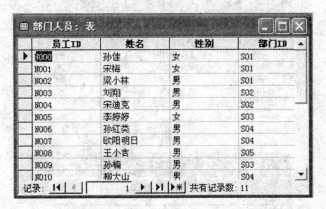

图1

图2

(3)将"部门信息"表的"部门名称"列冻结,将数据表的行高设置为13,将单元格效果设置为"凹陷"。"部门信息"表如图3所示。

图3

二、简单应用题

在"Acc2.mdb"数据库中有"课程名"表、"学生成绩"表和"学生档案"表。

(1)以"学生档案"表为数据源,创建查询"查询1",查询不姓"张"的学生信息。结果显示"学生档案"表中的全部字段。

(2)以"课程名"表、"学生成绩"表和"学生档案"表为数据源,创建生成表查询"查询2",生成"成绩明细"表,该表中包含"姓名"、"课程名"和"成绩"字段。"成绩明细"表如图4所示。

三、综合应用题

在考生文件夹中有"Acc3.mdb"数据库。

(1)以"领取明细"表为数据源,创建"按照ID查询"查询,查询在"员工信息"产品分配中员工ID的领取信息。结果显示"领取明细"表中的全部字段。

(2)在"员工信息登录"窗体中添加"领取明细"和"关闭窗体"按钮,分别实现运行"按照ID查询"查询和关闭窗体。"员工信息"窗体如图5所示。

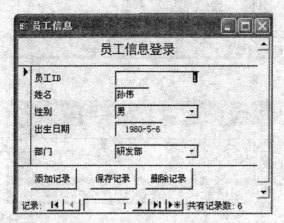

图 4

图 5

第7套　上机考试试题

一、基本操作题

在考生文件夹中有一个名为"Acc1.mdb"的数据库。

(1)按照下表的要求创建"课程"表。

字 段 名 称	数据类型	字段大小	是否主键
课程ID	数字	整型	是
课程名称	文本	20	
学分	数字	整型	

(2)在"课程"表中输入如下数据。

课程ID	课 程 名 称	学　　分
1	高等数学	2
2	计算机文化基础	3
3	机械制图	2
4	政治经济学	2
5	毛泽东思想概论	2

(3)设置"student"表到"成绩"表的关系为一对多,实施参照完整性。设置"课程"表到"成绩"表的关系为一对多,实施参照完整性。

< 80 >

二、简单应用题

在“Acc2.mdb”数据库中有“部门人员”表、“部门信息”表、“订单”表、“订单明细”表、“产品”表和“工资”表。

(1)以“订单”和“订单明细”表为数据源，创建查询“每天销售额”，统计每一天的销售额。结果显示“定购日期”和“销售额”字段，销售额=Sum(成交价数量)折扣。查询结果如图1所示。

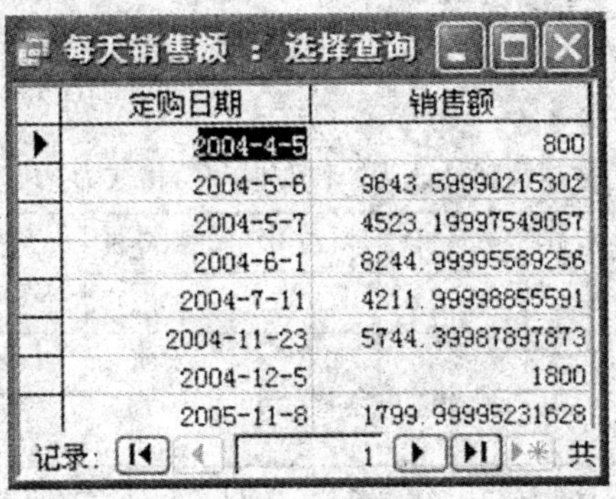

每天销售额 : 选择查询
定购日期
销售额
2004-4-5 800
2004-5-6 9643.59990215302
2004-5-7 4523.19997549057
2004-6-1 8244.99995589256
2004-7-11 4211.99998855591
2004-11-23 5744.39987897873
2004-12-5 1800
2005-11-8 1799.99995231628
记录:
1
共

图 1

(2)以“部门人员”表和“部门信息”表为数据源，创建查询“查询1”，查询性别为“女”，且具有经理职位的部门人员信息。参数提示为“请输入定购日期”，结果显示“姓名”、“性别”、“职位”和“部门名称”。查询结果如图2所示。

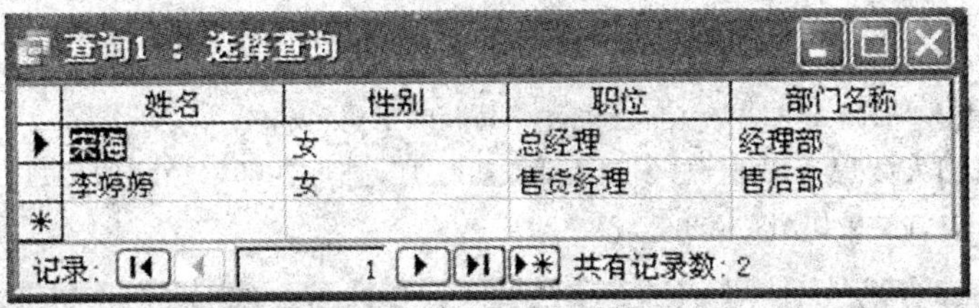

查询1 : 选择查询
姓名
性别
职位
部门名称
宋梅 女 总经理 经理部
李婷婷 女 售货经理 售后部
记录:
1
共有记录数: 2

图 2

三、综合应用题

在考生文件夹中有“Acc3.mdb”数据库。

(1)以“产品入库”表为数据源，创建“产品入库”窗体。在窗体中添加标签“产品入库表”(宋体，12号，加粗，居中显示)。在窗体中显示“日期”、“产品代码”、“入库数量”和“标志”字段。

(2)设置日期的默认值为当天日期。产品代码用组合框显示，自行输入“产品信息”表中的所有产品代码，数值保存到“产品代码”字段。在窗体中添加“添加记录”、“保存记录”、“删除记录”和“关闭窗体”按钮，分别实现添加记录、保存记录、删除记录和关闭窗体操作。“产品入库”窗体如图3所示。

产品入库 : 窗体
产品入库表
日期: 2004-12-29
产品代码 3
入库数量: 1
标志
添加记录
保存记录
删除记录
关闭窗体
记录:
1
共有记录数: 1

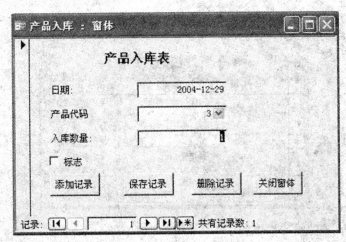

图 3

第 8 套 上机考试试题

一、基本操作题

(1)创建数据库"Acc1.mdb",利用表向导创建"录影集"表,选择其中的"录音集 ID"字段、"演员 ID"、"导演 ID"、"出版年份"和"长度"字段,设置"录音集 ID"字段为主键。

(2)将"录影集"表的"长度"字段的为数据类型修改为"日期/时间",格式为"中日期",并在"录影集"表中输入如下数据。

录音集 ID	演员 ID	导演 ID	出版年份	长度
1	3	2	2002	2:10
2	2	2	2004	2:15

(3)按照下表的要求创建"演员"表。

字段名称	字段类型	字段大小	是否主键
演员 ID	自动编号		是
姓名	文本	20	
性别	文本	1	

二、简单应用题

在"Acc2.mdb"数据库中有"部门人员"、"部门信息"、"产品"和"工资"表。

(1)以"部门信息"和"部门人员"表为数据源,创建查询"查询 1",查询各部门经理的信息。结果显示"部门名称"、"姓名"、"性别"和"职位"字段。查询结果如图 1 所示。

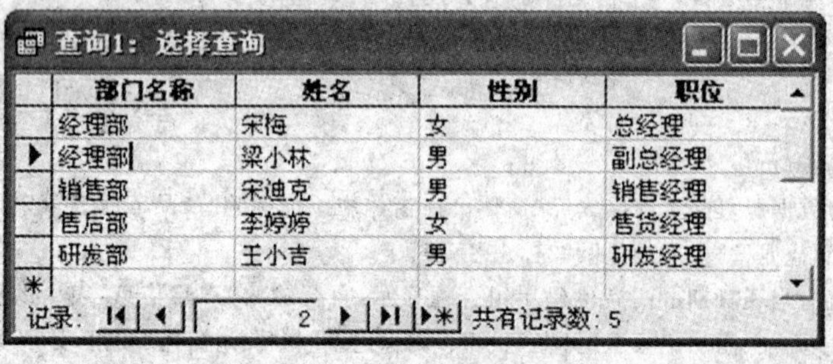
查询1:选择查询

部门名称	姓名	性别	职位
经理部	宋梅	女	总经理
经理部	梁小林	男	副总经理
销售部	宋迪克	男	销售经理
售后部	李婷婷	女	售货经理
研发部	王小吉	男	研发经理

记录: 2 共有记录数: 5

图 1

(2)以"部门人员"表和"工资"表为数据源,创建查询"查询 2",查询每个员工的税前工资。结果显示"员工 ID"、"姓名"和"税前工资"字段,税前工资=基本工资-住房补助+岗位工资-保险。查询结果如图 2 所示。

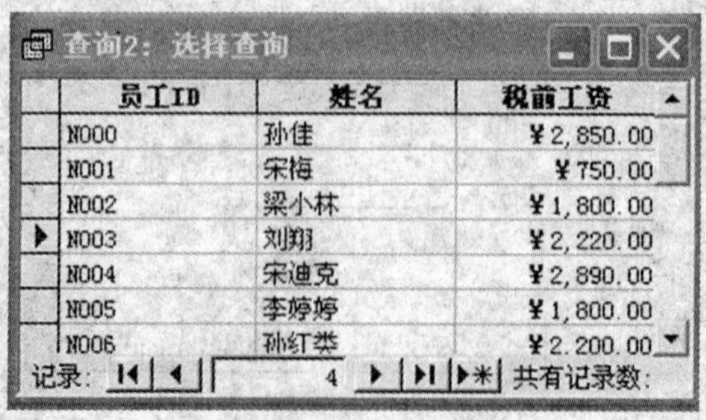
查询2:选择查询

员工ID	姓名	税前工资
N000	孙佳	¥2,850.00
N001	宋梅	¥750.00
N002	梁小林	¥1,800.00
N003	刘翔	¥2,220.00
N004	宋迪克	¥2,890.00
N005	李婷婷	¥1,800.00
N006	孙红茶	¥2,200.00

记录: 4 共有记录数:

图 2

三、综合应用题

在考生文件夹中有"Acc3.mdb"数据库。

(1)在"学生信息查询"窗体的选项卡控件中添加"学生档案信息查询"页,用列表框获取"学生档案信息"表中的所有字段。

(2)以"教师档案信息"表为数据源,创建"教师档案信息"窗体,如图3所示。主窗体显示"教师档案信息"表的全部字段,子窗体显示每个教师对应的授课ID、课程编号、课程名称和学生字段。

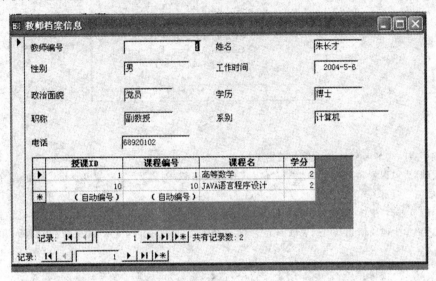

图3

第 9 套 上机考试试题

一、基本操作题

在考生文件夹中有一个名为"Acc1.mdb"的数据库。

(1)将"教师档案表"以文本文档格式导出到考生文件夹中,第一行包含列字段名称,逗号为分隔符,导出文件的名称为"教师档案表"。

(2)取消"教师档案表"的隐藏列,将"姓名"字段列移动至"教师编号"字段列和"职称"字段列之间。

(3)设置"班级"表到"教师授课"表的关系为一对多,实施参照完整性。

二、简单应用题

在"Acc2.mdb"数据库中有"服务器"、"个人信息"和"详细信息"3张表。

(1)以"服务器"和"个人信息"表为数据源,创建分组统计查询"查询1",统计每个服务器的账号数。结果显示"服务器名称"和"账号ID之Count"。查询结果如图1所示。

图1

(2)以"个人信息"表和"详细信息"表为数据源,创建生成表查询"查询2",生成"账号信息"表。查询结果如图2所示。

< 83 >

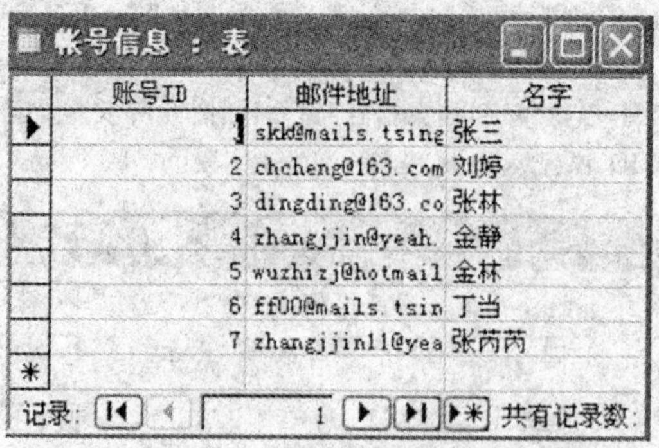

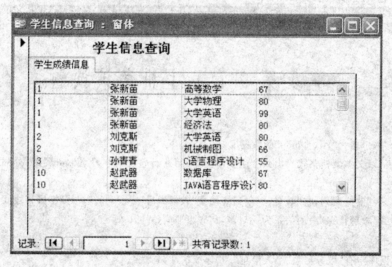

图 2

三、综合应用题

在考生文件夹中有一个名为"Acc3.mdb"的数据库。

(1)以"学生成绩"表、"课程名"表和"学生档案信息"表为数据源,创建"学生成绩表查询"查询,结果显示"学号"、"姓名"、"课程名"和"成绩"字段。

(2)创建"学生信息查询"窗体,在窗体中添加标签"学生信息查询"(宋体、12号字、加粗、居中)。在窗体中添加选项卡控件,共一页,页名称为"学生成绩信息",用列表框绑定"学生成绩表查询"的查询,显示"学生成绩表查询"的全部字段。窗体效果如图 3 所示。

图 3

第10套　上机考试试题

一、基本操作题

在考生文件夹中有一个名为"Acc1.mdb"的数据库。

(1)在"订单"表的"订单 ID"和"客户"字段之间添加"产品 ID"和"数量"字段。将"产品 ID"字段的类型设置为文本,字段长度为8;"数量"字段的类型为数字,字段大小为整型。

(2)在"订单"表中添加如下数据。

订单 ID	产品 ID	数量
0001	S0001	10
0002	S0008	40
0003	S0011	50
0004	S0005	10

(3)设置“供应商”表到“订单”表的关系为一对多，实施参照完整性。

二、简单应用题

在“Acc2.mdb”数据库中有“产品”、“订单”、“订单明细”、“工资”和“雇员”表。

(1)以“产品”、“订单”、“订单明细”表为数据源，创建查询，名称为“查询 1”，查询每个订单的发货时间差。结果显示“订单 ID”和“发货时间差”字段，发货时间差＝发货日期－定购日期。查询结果如图 1 所示。

订单ID	发货时间差
A000001	2
A000002	2
A000003	1
A000004	1
A000005	2
A000006	2
A000007	1

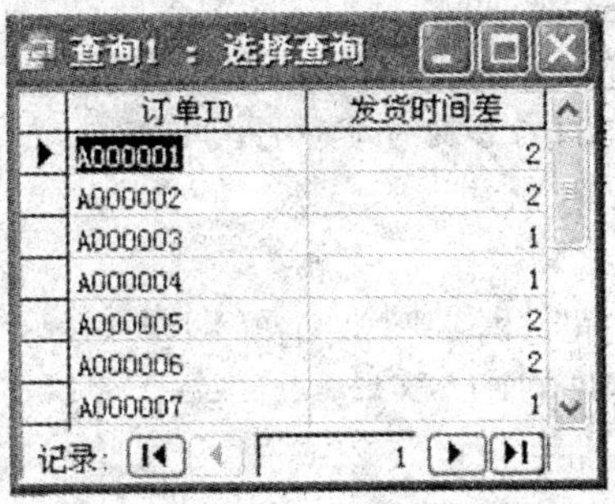

图 1

(2)以“产品”、“订单”、“订单明细”和“雇员”表为数据源，创建生成表查询“查询 2”，生成“订单详细”表，生成“订单 ID”、“产品名称”、“单价”、“数量”、“折扣”和“雇员姓名”字段。查询结果如图 2 所示。

订单ID	产品名称	单价	数量	折扣	雇员姓名
A000001	地带毛巾	¥6.80	5	.9	刘翔
A000002	天津洗衣粉	¥4.00	10	.9	张新苗
A000003	打火机	¥3.20	20	.9	宋迪克
A000004	舒肤佳香皂	¥4.50	10	.9	孙青青
A000005	舒肤佳香皂	¥4.50	11	.88	宋迪克
A000006	天津洗衣粉	¥4.00	15	.9	孙青青
A000007	打火机	¥3.20	20	.88	刘翔

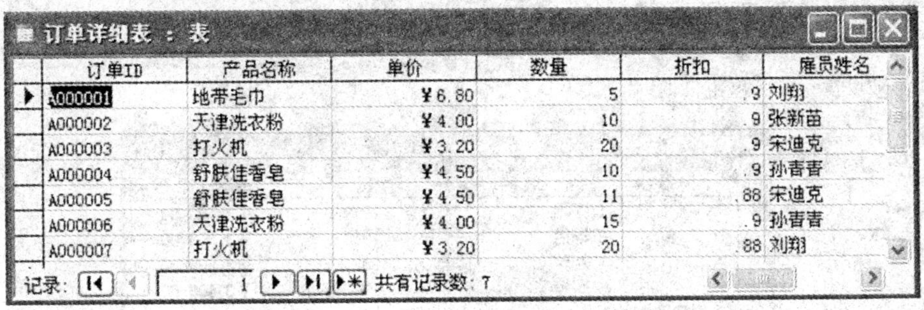

图 2

三、综合应用题

在考生文件夹中有“Acc3.mdb”数据库。

(1)在“订单”窗体中添加标签名为“起始日期”和“终止日期”的文本框。

(2)修改“订单明细表”查询，设置“定购日期”字段的条件为：>=[Forms]![订单]![起始日期] And <=[Forms]![订单]![终止日期]。在“订单”窗体中添加“查询”按钮，运行“订单明细表”查询。设置窗体的宽度为 7.674cm，弹出方式。窗体显示结果如图 3 所示。

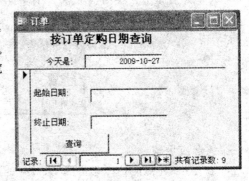

图 3

第11套　上机考试试题

一、基本操作题

(1)建立"Acc1.mdb"数据库,利用表向导生成"学生"表,选择"学生 ID"、"名字"、"地址"和"主修"字段。

(2)添加以下信息到"学生"表中,行高设置为13。

学生 ID	名字	地址	主修
1	张阳	4 号楼	电子信息
2	刘天	7 号楼	计算机软件
3	杨梅	11 号楼	经济法
4	刘玲	4 号楼	经济管理

(3)隐藏"学生"表的"学生 ID"列,设置所有字段列的列宽为最佳匹配。

(4)将"学生"表中的"名字"字段大小改为10。

二、简单应用题

在"Acc2.mdb"数据库中有"雇员"、"产品"、"供应商"和"订单"4 张表。

(1)以"雇员"表为数据源,创建参数查询"查询1",实现通过输入生日范围显示雇员全部信息,参数提示为"起始日期"和"终止日期"。运行查询的结果如图 1 所示。

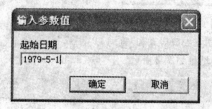
起始日期　　　　　　　　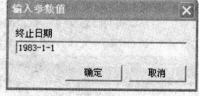
终止日期

图 1

(2)以"雇员"、"产品"、"供应商"和"订单"4 张表为数据源,建立查询"查询 3",查询供应商 ID＝1 时产品定购的情况,结果显示雇员"名字"、"订单 ID"、"产品名称"和"数量"字段。运行查询的结果如图 2 所示。

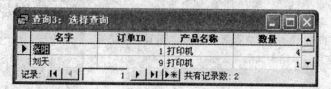

图 2

三、综合应用题

在考生文件夹下有一个名为"Acc3.mdb"的数据库。

(1)在"基本情况"窗体中添加一个名称为"命令按钮 1",标题为"所属部门"的按钮。

(2)编写按钮代码实现单击该按钮时弹出对应部门的消息框(要使用Select Case语句实现)。单击按钮后的结果如图3所示。

图3

(3)在"基本情况"窗体中添加一个名称为"命令按钮2",标题为"计算工龄"的按钮。

(4)编写按钮代码实现单击该按钮时弹出人员的工龄(工龄=Date()-调入日期)。单击"计算工龄"按钮后的结果如图4所示。

图4

第12套 上机考试试题

一、基本操作题

在考生文件夹中有一个名为"Acc1.mdb"的数据库。

(1)按照下表的要求创建一个名为"成绩"的表,成绩的有效性规则为0~100之间的数据。

字段名称	字段类型	字段大小	是否主键
学号	文本	8	
课程号	文本	5	
成绩	数字	整型	

(2)在"成绩"表中输入如下数据。

学　　号	课　程　号	成　　绩
20020194	A001	55
20020101	A001	80
20020023	A001	88
20020001	A002	70
20020003	A002	90
20020005	A002	58
20020011	A003	92
20020005	A004	55

(3)设置"课程"表和"成绩"表的关系为一对多,实施参照完整性。

(4)将"任课老师"表与"课程"表的关系设置为一对多,实施参照完整性。

二、简单应用题

在名为"Acc2.mdb"的数据库中有"教师"、"课程"、"授课"、"课程成绩"、"系别"、"班级"和"学生"表。

(1)以"班级"表和"学生"表为数据源,创建参数查询"班级信息",实现输入班级 ID,显示班级学生信息。参数提示为"请输入班级 ID",结果显示"班级名称"、"学号"和"学生姓名"字段。查询结果如图 1 所示。

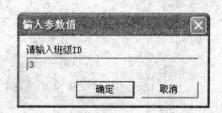

图 1

(2)以"系别"表和"教师"表为数据源,创建生成表查询"教师信息",生成"教师"表,并生成"教师 ID"、"教师姓名"、"性别"、"学历"和"系名称"字段。

三、综合应用题

在考生文件夹下有一个名为"Acc3.mdb"的数据库。

(1)以"服务器"和"个人信息"表为数据源,创建查询"账号信息",查询账号信息。结果显示服务器名称和个人信息的全部字段。

(2)创建宏,名称为"账号信息宏",运行"账号信息"查询。

(3)创建"web 信息查询"窗体,在窗体中添加"账号信息"按钮,运行"账号信息宏"。设置窗体宽度为 7cm,设置弹出方式。"web 信息查询"窗体如图 2 所示。

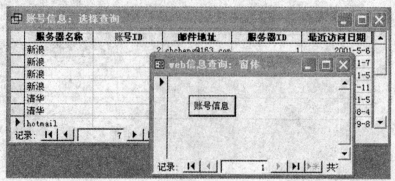

图 2

< 88 >

第13套 上机考试试题

一、基本操作题

(1)创建"Acc1.mdb"数据库,将考生文件夹中的"book.xls"和"reader.xls"导入数据库中,第一行包含列标题,主键分别设置为"书ID"和"读者ID",将导入表分别命名为"book"和"reader"。

(2)在"reader"表中添加一个"照片"字段,数据类型为"OLE对象",并将文件夹中的图片采用插入对象的方法加入到"reader"表中"钱明"的照片中。

(3)将"book"表的"书ID"字段和"reader"表的"读者ID"字段长度改为10。

(4)按照下表的要求创建"lend"表。

字段名称	字段类型	字段大小	是否主键
ID	自动编号	长整型	是
书ID	文本	10	
读者ID	文本	10	
备注	文本	50	

二、简单应用题

在考生文件夹中的"Acc2.mdb"数据库中有"录影集"表、"演员"表和"导演"表。

(1)以"录影集"表、"演员"表和"导演"表为数据源,创建生成表查询"查询1",生成"影片集"表,该表中包括"导演姓名"、"影片名称"和"演员姓名"字段。影片集表结果如图1所示。

图1

(2)以"录影集"表、"演员"表和"导演"表为数据源,创建查询"查询2",查询由"张三"导演,北京演员出演的影片。结果显示"导演姓名"、"影片名称"、"演员姓名"和"地域"字段。查询结果如图2所示。

导演姓名	影片名称	演员姓名	地域
张三	沉淀时光	毛毛	北京

记录: |◀| ◀ | 1 | ▶ | ▶| | ▶* | 共有记录数:1

图2

< 89 >

三、综合应用题

在考生文件夹中有一个名为"Acc3.mdb"的数据库。

(1)以"部门人员"表为数据源,创建"部门人员"窗体,布局为"纵栏表",样式为"标准"。

(2)以"工资"表为数据源,创建"工资表"窗体,布局为"纵栏表",样式为"标准"。

(3)创建宏"查询工资",实现打开当前员工的工资窗体。在窗体的"部门人员"页脚中添加"查询工资"按钮,运行"查询工资"宏。

设置"部门人员"窗体显示弹出方式。"部门人员"窗体的显示效果如图3所示。

图3

第14套 上机考试试题

一、基本操作题

(1)建立个名为"Acc1.mdb"的数据库,将考生文件夹中的"课程.xls"和"任课老师.xls"导入数据库中,第一行包含列标题,设置"课程号"和"任课老师ID"为主键,将导入表命名为"课程"和"任课老师"。

(2)按照下表的要求修改"课程"表。

字段名称	字段类型	字段大小	是否主键
课程号	文本	5	是
课程名称	文本	20	
任课老师ID	文本	10	
学分	数字	整型	
学时	数字	整型	

(3)按下表要求修改"任课老师"表。

字段名称	字段类型	字段大小	是否主键
任课老师ID	文本	5	是
姓名	文本	10	

(4)设置"任课老师"表和"课程"表为一对多关系,实施参照完整性。

二、简单应用题

在名为"Acc2.mdb"的数据库中有"教师"、"课程"、"授课"、"课程成绩"、"系别"和"学生"表。

(1)以"学生"表和"系别"表为数据源,创建查询"查询1",统计各系的学生数。结果显示"系名称"和"学生数"字段,学生数=Count(学号)。查询结果如图1所示。

系名称	学生数
电子	3
计算机	5
经济管理	3

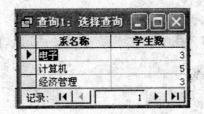

图 1

(2)以“课程”表和“课程成绩”表为数据源，创建查询“查询 2”，查询每门课程的最高分。结果显示“课程名称”和“最高分”字段，最高分＝Max(成绩)。查询结果如图 2 所示。

课程名称	最高分
高等数学	80
经济法	57
房地产经营管理	90
经济政治学	85
邓小平理论	50
工程数学	62

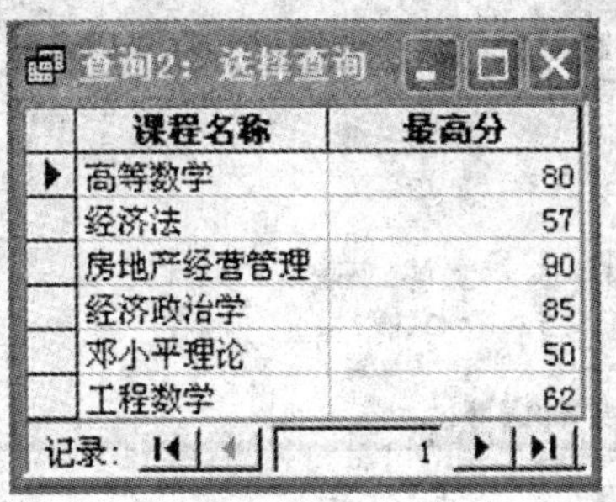

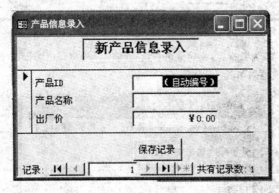

图 2

三、综合应用题

在考生文件夹中有一个名为“Acc3.mdb”的数据库。

(1)以“临时”表为数据源，自动创建窗体“产品信息录入”。设置窗体宽度为 9cm，设置窗体的弹出方式。

(2)添加“产品信息录入”窗体页眉标签为“新产品信息录入”，标签文本字体为“宋体”、12 号、加粗，标签效果设置为“凹陷”。

(3)创建“追加产品记录”和“删除临时表”查询，分别用来将“临时”表中的数据追加到“产品”表中，以及将“临时”表中的数据删除。

(4)创建“保存产品记录”宏，该宏一次调用所创建的两个查询。

(5)在页脚中添加“保存记录”按钮(command1)，当单击该按钮时，将“临时”表中的数据添加到“产品”表中，并且将“临时”表中的数据删除。“产品信息录入”窗体的效果如图 3 所示。

图 3

第15套 上机考试试题

一、基本操作题

在考生文件夹中有一个名为“Acc1. mdb”的数据库。

(1)将“公司”表到“bus”表的关系设置为一对多，实施参照完整性，级联删除相关记录。

(2)为“bus”表创建筛选，筛选末班车时间≥21：00：00 的公交信息。“bus”表如图 1 所示。

bus：表

车号	公司ID	起点站	终点站	列车员号	首班车时间	末班车时间
973	1	小煤厂	南平庄	1	6:30:00	21:00:00
811	1	清华西门	西三旗	2	7:00:00	21:30:00
623	1	清华东门	西客站	5	6:00:00	20:00:00
324	3	液压厂	礼士路	3	5:30:00	22:10:00
101	2	石头村	同仁医院	6	7:30:00	22:00:00
105	2	刘庄	黄村	7	8:00:00	20:30:00
111	3	大钟寺	大兴站	4	5:00:00	20:00:00

记录: 4 共有记录数: 7

图 1

(3)将“公司”表另存为窗体类型副本，窗体名称为“公司”。

二、简单应用题

在“Acc2. mdb”数据库中有“学生”、“课程”和“课程成绩”表。

(1)以“学生”表为数据源，创建查询“查询 1”，查询 8 月和 11 月过生日的同学。结果显示“学生”表的全部字段。查询结果如图 2 所示。

查询1：选择查询

学号	学生姓名	性别	出生年月日
9804	那莹	女	1980-11-4
9808	李红梅	女	1979-8-11
9809	孙可	女	1979-11-5

记录: 1 共有记录数: 3

图 2

(2)以“学生”、“课程”和“成绩”表为数据源，创建分组查询“查询 2”，查询每门课程成绩最高的学生。结果显示“课程名称”、“学生姓名”和“成绩”字段，查询结果如图 3 所示。

查询2：选择查询

课程名称	学生姓名	成绩之Max
邓小平理论	那莹	50
房地产经营管理	柳儒士	90
高等数学	那莹	77
高等数学	张心心	85
工程数学	那莹	62
经济法	柳儒士	57
经济法	张心心	56

记录: 5 共有记录数:

图 3

三、综合应用题

在考生文件夹中有一个名为“Acc3. mdb”的数据库。

(1)以“房源基本情况”表为数据源，创建“房源基本情况表”窗体，显示“房源基本情况表”中的全部字段。布局为纵栏表,样式为标准。在窗体页眉中添加"房源基本情况表"标签,标签文本格式为宋体、14号、加粗。

(2)在"房源基本情况表"窗体中添加"下一记录"、"前一记录"、"添加记录"和"保存记录",分别实现转到下一记录、转到前一记录、添加记录和保存记录操作。设置窗体宽度为10cm以及弹出方式。"房源基本情况表"窗体的效果如图4所示。

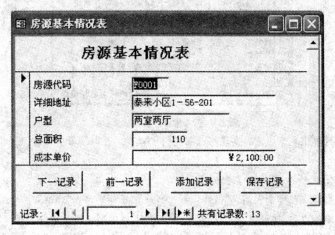

图4

第16套 上机考试试题

一、基本操作题

在考生文件夹中有一个名为"Acc1.mdb"的数据库。

(1)将"成绩"表按"学号"字段升序排列,网格线颜色设置为"湖蓝色"。"成绩"表结果如图1所示。

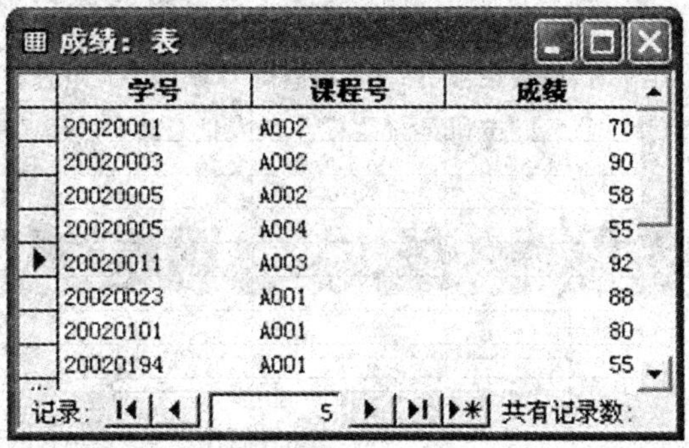

图1

(2)按照下表的要求创建"学生"表。

字段名称	字段类型	字段大小	是否主键
学号	文本	8	是
姓名	文本	10	
性别	文本	1	
政治面貌	文本	5	

(3)设置"学生"表中"性别"字段的默认值为"男",有效性规则为"男"或"女"。"学生"表如上表所示。

二、简单应用题

在"Acc2.mdb"数据库中有"教师"、"课程"、"授课"、"课程成绩"、"系别"、"班级"和"学生"表。

(1)以"系别"表、"班级"表和"学生"表为数据源,创建查询"计算机系学生",查询计算机系学生信息。结果显示"系名称"、"班级名称"和"学生姓名"。查询结果如图2所示。

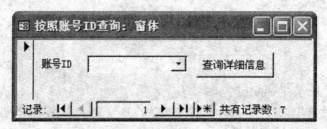

图2

(2)创建宏,名称为"计算机系学生宏",实现打开"计算机系学生"查询和最小化窗口操作。

三、综合应用题

在考生文件夹中有一个名为"Acc3.mdb"的数据库。

(1)以"个人信息"表为数据源,创建"个人信息"窗体,布局为"纵栏表",样式为"标准"。

(2)在"个人信息"窗体中添加以"详细信息"表为数据源的子窗体"详细信息",子窗体显示"详细信息"表的全部字段。

(3)创建"按照账号ID查询"窗体,添加"账号ID"组合框(名称为"组合1"),绑定到"个人信息"表的账号ID字段。窗体显示结果如图3所示。

图3

(4)创建"打开个人信息窗体"宏,打开与"按照账号ID查询"窗体中"账号ID"组合框所选值相对应的"个人信息"窗体,在"按照账号ID查询"窗体中添加"查询详细信息"按钮,运行"打开个人信息窗体"宏。按照账号ID查询个人信息,其结果如图4所示。

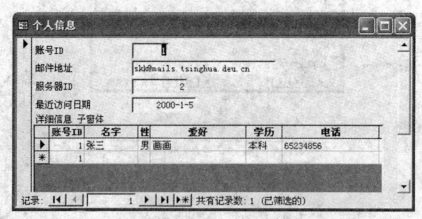

图4

< 94 >

第17套　上机考试试题

一、基本操作题

在考生文件夹中,存在一个数据库文件"Acc1.mdb",其中已建立两个表对象"学生"和"成绩",同时还存在一个 Excel 文件"课程.xls"。执行以下操作:

(1)将 Excel 文件"课程.xls"链接到 Acc1.mdb 数据库文件中,链接表名称不变,要求数据中的第一行作为字段名。

(2)将"成绩"表中隐藏的列显示出来。

(3)将"学生"表中"党员否"字段的默认值属性设置为"0",并使该字段在数据表视图中的显示标题改为"是否为党员"。

(4)设置"学生"表的显示格式,将表的背景颜色设置为"灰色",将网格线设置为"白色",文字字号为五号。

(5)建立"学生"和"成绩"表之间的关系。

二、简单应用题

在考生文件夹中存在一个数据库文件"Acc2.mdb",其中已经设计好表对象"学生"、"课程"和"成绩",试按以下要求完成设计:

(1)创建一个查询"查询1",查找并显示"姓名"、"性别"和"年龄"3个字段的内容。查询结果如图1所示。

(2)创建一个查询"查询2",计算每名学生的平均成绩,并按平均成绩的降序依次显示"姓名"、"性别"、"年龄"和"平均成绩"4列内容,其中"平均成绩"数据由统计计算得到;假设所用表中无"重名"、无"课程名"和"成绩"的内容,查询结果如图2所示。

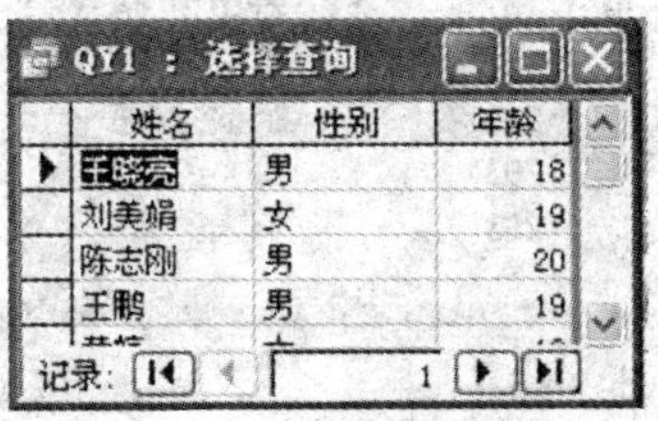

图1

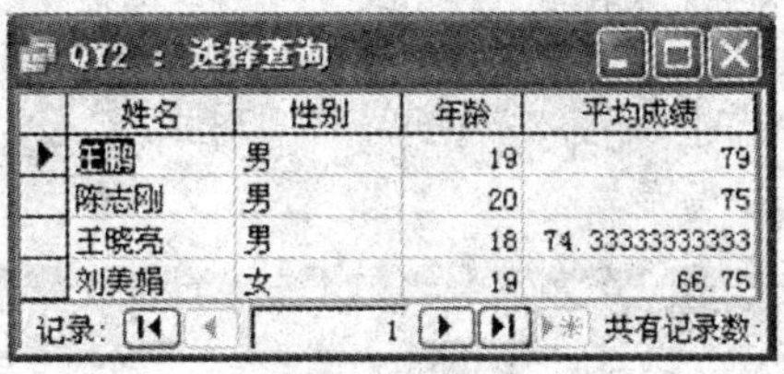

图2

(3)创建一个查询"查询3",按输入的班级查找并显示"班级"、"姓名"、"课程名"和"成绩"的内容,当运行该查询时,应显示提示信息:"请输入班级"。查询结果如图3所示。

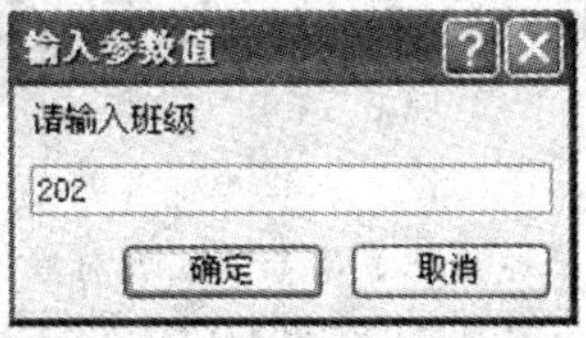

图3

(4)创建一个查询"查询4",运行该查询后生成一个新表,表名为"90分以上的学生信息",表结构包括"姓名"、"课程名"和"成绩"3个字段,表内容为90分以上(含90分)的所有学生记录;要求创建此查询后,运行该查询,并查看运行结果。查询结果如图4所示。

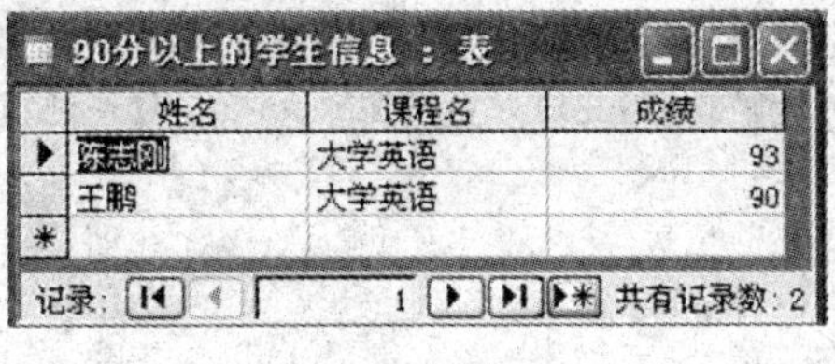

图4

三、综合应用题

在考生文件夹中有,一个名为"Acc3.mdb"的数据库文件,里面有表对象"学生",同时还有窗体对象"F1"和"F2"。请在

< 95 >

此基础上按照以下要求补充"F2"窗体的设计：

（1）在距主体节上边 0.4cm、左边 0.4cm 的位置添加一个矩形控件，其名称为"RTest"；矩形宽度为 16.6cm、高度为 1.2cm，特殊效果为"凿痕"。

（2）将窗体中"退出"按钮上显示的文字颜色改为"棕色"（棕色代码为128），字体粗细改为"加粗"。

（3）将窗体标题改为"显示查询信息"。

（4）将窗体边框改为"对话框边框"样式，取消窗体中的水平和垂直滚动条、记录选定器、浏览按钮和分隔线。

（5）在窗体中有一个"显示全部记录"按钮（名为 com2），单击该按钮后，应实现将"学生"表中的全部记录显示出来的功能。现已编写了部分 VBA 代码，请按照 VBA 代码中的指示将代码补充完整。要求修改后运行该窗体，并查看修改结果。窗体显示效果如图5所示。

图 5

第18套　上机考试试题

一、基本操作题

在考生文件夹中的，"Acc1.mdb"数据库中已经建立了 3 个关联表对象（名为"职工"、"产品"和"销售业绩"）、一个表对象（名为"T1"）、一个窗体对象（名为"F1"）和一个宏对象（名为"M1"）。试按以下要求，完成表和窗体的各种操作：

（1）重命名表对象"产品"中的"生产时间"字段为"生产日期"字段，同时将其"短日期"显示格式改为"长日期"显示。

（2）分析表对象"销售业绩"的字段构成，判断并设置其主键。

（3）将考生文件夹中文本文件"T1.txt"中的数据导入到当前数据库的数据表"T1"中。

（4）建立表对象"职工"、"产品"和"销售业绩"的表间关系，实施参照完整。

（5）在窗体"F1"中，以按钮"com1"为基准（这里按钮"com1"和"com3"大小相同、左边对齐），调整按钮"com2"的大小与位置。要求：按钮"com2"的大小与按钮"com1"相同，左边界与按钮"com1"左对齐，竖直方向位于按钮"com1"和"com3"的中间位置。

（6）将宏对象"M1"重命名为"MC"。

二、简单应用题

在考生文件夹中有一个数据库文件"Acc2.mdb"，里面已经设计好 3 个关联表对象（名为"学生"、"课程"、"成绩"）、一个空表（名为"T1"）和一个窗体对象（名为"F1"）。试按以下要求完成设计：

（1）创建一个选择查询"查询1"，查找没有"书法"爱好学生的"学号"、"姓名"、"性别"、"年龄"4 个字段内容。

(2)创建一个选择查询"查询2",查找学生的"姓名"、"课程名"和"成绩"3个字段内容。

(3)创建一个参数查询"查询3",查找学生的"学号"、"姓名"、"年龄"和"性别"4个字段内容。其中设置"年龄"字段为参数,参数值要求引用窗体"F1"上控件名为"age"的值。查询结果如图1所示。

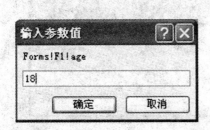

图 1

(4)创建追加查询"查询4",将表对象"学生"中的"学号"、"姓名"、"性别"和"年龄"4个字段内容追加到目标表"T1"的对应字段内。(规定"姓名"字段的第一个字符为姓。要求将学生学号和学生的姓组合在一起,追加到目标表的"编号"字段中)。查询结果如图2所示。

学号	姓名	性别	年龄	党员否
207001	王晓亮	男	18	☐
207002	刘美娟	女	19	☐
207003	陈志刚	男	20	☐
207004	王鹏	男	19	☐
207005	黄婷	女	18	☐
207006	周婧	女	18	☐
207007	张强	男	17	☐
207008	胡雪	女	19	☐
207009	刘晓丽	女	20	☐
207010	李勇	男	18	☐

记录: 1 共有记录数:10

图 2

三、综合应用题

在考生文件夹中有一个数据库文件"Acc3.mdb",里面已经设计了表对象"职工"、窗体对象"F1"、报表对象"R1"和宏对象"M1"。试在此基础上按照以下要求补充设计:

(1)设置表对象"职工"中"聘用时间"字段的有效性规则为:2002年1月1日(含)以后的时间、相应有效性文本设置为"输入二零零二年以后的日期"。

(2)设置报表"R1"按照"性别"字段升序(先男后女)排列输出;将报表页面页脚区域内名为"Page"的文本框控件设置为"—页码/总页数—"形式的页码显示(如—1/15—、—2/15—…)。

(3)将"F1"窗体上名为"Title"的标签上移到距"com"按钮1cm的位置(即标签的下边界距按钮的上边界1cm),并设置其标题为"职工信息输出"。

(4)试根据以下窗体功能要求,对已给的按钮事件过程进行补充和完善。在"F1"窗体上单击"输出"按钮(名为"com"),弹出一个输入对话框,其提示文本为"请输入大于0的整数值"。

输入1时,相关代码关闭窗体(或程序)。

输入2时,相关代码实现预览输出报表对象"R1"。

输入≥3时,相关代码调用宏对象"M1",以打开数据表"职工"。结果如图3所示。

< 97 >

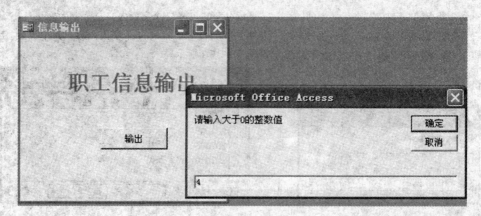

图3

第19套　上机考试试题

一、基本操作题

(1)在考生文件夹中的"Acc1.mdb"数据库中建立表"职工",表结构如下:

字段名称	数据类型	字段大小	格式
工号	文本	4	
姓名	文本	4	
职称	文本	10	
入职日期	日期/时间		短日期
退休否	是/否		是/否

(2)设置"工号"字段为主键。

(3)设置"职称"字段的默认值属性为"讲师"。

(4)在"职工"表中输入以下两条记录。

工号	姓名	职称	入职日期	退休否
1001	王硕	教授	1986-4-12	是
1002	刘童心	讲师	2006-7-23	否

二、简单应用题

在考生文件夹中有一个数据库文件"Acc2.mdb",其中已经设计好两个关联表对象"职工"和"部门"及表对象"T1"和"T2"。试按以下要求完成设计。

(1)以表对象"职工"为数据源,创建一个查询"查询1",查找并显示年龄大于等于25的职工的"工号"、"姓名"、"性别"、"年龄"和"职务"5个字段内容。

(2)以表对象"职工"和"部门"为数据源,创建一个查询"查询2",按照部门名称查找职工信息,显示职工的"工号"、"姓名"及"入职时间"3个字段的内容。要求显示参数提示信息为"请输入职工所属部门名称"。查询结果如图1所示。

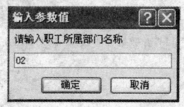

图1

(3)创建一个查询"查询3",在表"T2"中"工号"字段值的前面均增加"ST"字符。查询结果如图2所示。

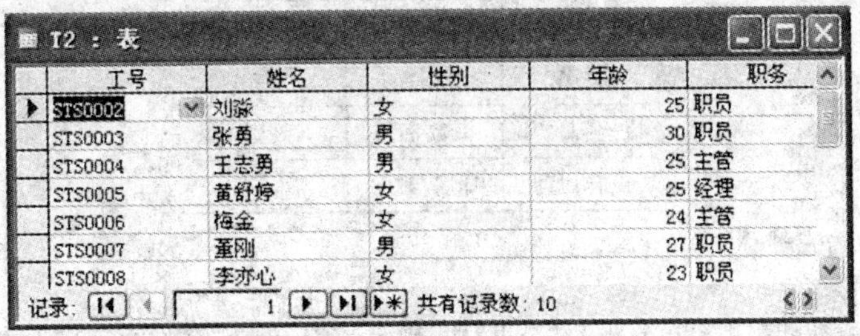

工号	姓名	性别	年龄	职务
STS0002	刘淼	女	25	职员
STS0003	张勇	男	30	职员
STS0004	王志勇	男	25	主管
STS0005	黄舒婷	女	25	经理
STS0006	梅金	女	24	主管
STS0007	董刚	男	27	职员
STS0008	李亦心	女	23	职员

记录：1 共有记录数：10

图2

(4)创建一个查询"查询4",删除表对象"T1"中所有姓名含有"勇"字的记录。查询结果如图3所示。

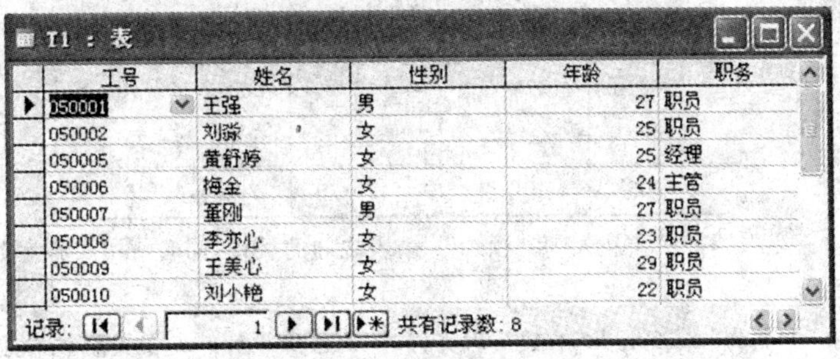

工号	姓名	性别	年龄	职务
050001	王强	男	27	职员
050002	刘淼	女	25	职员
050005	黄舒婷	女	25	经理
050006	梅金	女	24	主管
050007	董刚	男	27	职员
050008	李亦心	女	23	职员
050009	王美心	女	29	职员
050010	刘小艳	女	22	职员

记录：1 共有记录数：8

图3

三、综合应用题

在考生文件夹中有一个数据库文件"Acc3.mdb",其中已经设计了表对象"职工"、窗体对象"F1"、报表对象"R1"和宏对象"M1"。试在此基础上按照以下要求补充设计：

(1)设置表对象"职工"中"姓名"字段为"必填字段",同时设置其为"有重复索引"。将考生文件夹下的图像文件"S0002.bmp"作为表对象"职工"中编号为"S0002"、名为"刘淼"的女职工的照片数据。

(2)将报表"R1"的主体节区内"Age"文本框控件改名为"Year",同时依据报表记录源的"年龄"字段值计算并显示出其4位的出生年信息。注意：当前年必须用相关函数返回。

(3)设置"F1"窗体上名为"Title"的标签文本显示为阴影特殊效果。同时,将窗体按钮"com"的单击事件属性设置为宏"M1",以完成按钮单击打开报表的操作。显示结果如图4所示。

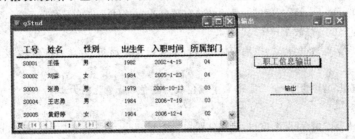

图4

第20套 上机考试试题

一、基本操作题

在考生文件夹中有一个名为"Acc1.mdb"的数据库文件,其中已经设计好了表对象"医生"、"科室"、"病人"和"预约"。试按以下操作要求,完成各项功能。

(1)在"Acc1.mdb"数据库中建立一个新表,命名为"护士",表结构如下：

字段名称	数据类型	字段大小
护士ID	文本	6
姓名	文本	4
年龄	数字	整型
工作时间	日期/时间	短日期

(2)设置"护士ID"字段为主键。

(3)设置"姓名"字段为必填字段。

(4)设置"年龄"字段的有效性规则和有效性文本。具体规则为:输入年龄必须在20～35岁之间(含20岁和35岁),有效性文本内容为:年龄应在20～35岁之间。

(5)将下表所列数据输入到"护士"表中,且显示格式应与下表内容相同。

护士ID	姓名	年龄	工作时间
207001	王晓春	25	2003－12－10
207002	李婷	22	2006－2－20
207003	李芳芳	24	2005－6－26

(6)通过相关字段建立"医生"、"科室"、"病人"和"预约"4个表之间的关系,同时使用实施参照完整性。

二、简单应用题

在考生文件夹中,存在一个名为"Acc2.mdb"的数据库文件,里面已经设计好4个关联表对象"医生"、"科室"、"病人"和"预约"以及表对象"T1"和窗体对象"F1"。试按以下要求完成设计。

(1)创建一个查询"查询1",查找姓"李"病人的基本信息,并显示"姓名"、"年龄"和"性别"。

(2)创建一个查询"查询2",统计年龄小于40岁的医生被病人预约的次数。

(3)创建一个查询"查询3",删除表对象"T1"内所有"预约日期"为10月的记录。

(4)现有一个已经建好的"F1"窗体。运行该窗体后,在文本框(文本框名称为Name)中输入要查询的科室名,然后单击"查询"按钮,即运行一个名为"查询4"的查询。"查询4"查询的功能是显示所查科室的"科室ID"和"预约日期"。请创建一个查询"查询4",并实现该功能。

三、综合应用题

在考生文件夹中,存在一个名为"Acc3.mdb"的数据库文件,里面已经设计好表对象"用户"和"登录",以及窗体对象"F1"和"F2"。请在此基础上按照以下要求补充"F2"窗体的设计:

(1)将窗体中名称为"User_remark"的标签控件上的文字颜色改为"棕色"(棕色代码为128)、字体粗细改为"加粗"。

(2)将窗体标题设置为"显示/修改用户密码"。

(3)将窗体边框改为"对话框边框"样式,取消窗体中的水平和垂直滚动条、记录选定器、浏览按钮、分隔线和控制框,并保留窗体的关闭按钮。

(4)将窗体中"退出"按钮(名称为"com3")上的文字颜色改为蓝色(蓝色代码为16711680),字体粗细改为"加粗",并在文字下方加上下画线。

(5)在窗体中还有"修改"和"保存"两个按钮,名称分别为"com1"和"com2",其中"保存"按钮在初始状态为不可用,当单击"修改"按钮后,应使"保存"按钮变为可用。现已编写了部分VBA代码,请按照上述功能要求将VBA代码补充完整。

要求:修改后运行该窗体,并查看修改结果,结果如图1所示。

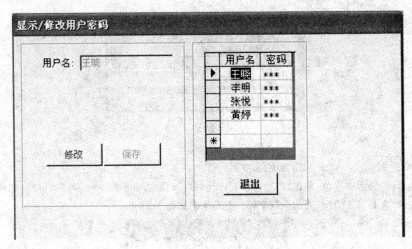

图 1

第21套 上机考试试题

一、基本操作题

在考生文件夹中有一个名为"Acc1.mdb"的数据库。

(1)将考生文件夹中的"职位信息.xls"导入到"Acc1.mdb"数据库中,设置职位编号为主键。

(2)按照下表的要求修改"职位信息"表的设计。

字 段 名 称	数 据 类 型	字 段 大 小	是 否 主 键
职位编号	文本	8	是
职位名称	文本	30	
要求	文本	100	
单位 ID	文本	8	

(3)设置"单位信息"表到"职位信息"表的关系为一对多,实施参照完整性,级联删除相关记录。

二、简单应用题

在"Acc2.mdb"数据库中有"部门人员"、"部门信息"、"产品"、"订单"和"工资"5 张表。

(1)以"部门人员"表和"部门信息"表为数据源,创建参数查询"查询 1",实现输入部门 ID,则显示该部门中的人员信息。参数提示为"请输入部门 ID",结果显示"部门名称"、"姓名"和"性别"字段。查询结果如图 1 所示。

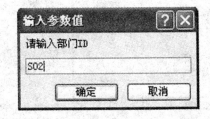

图 1

(2)以"部门人员"表和"部门信息"表为数据源,创建查询"查询 2",查询"刘翔"所在部门的信息。结果显示"部门名称"和"部门简介"字段的信息。查询结果如图 2 所示。

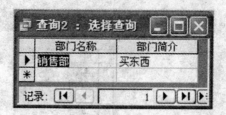

图 2

三、综合应用题

在考生文件夹中有一个名为"Acc3.mdb"的数据库。

(1)以"客户基本情况"表为数据源,创建"按照窗体客户代码查询"的查询功能,查询与"销售明细"窗体中客户代码相同的客户信息。结果显示"客户基本情况"表的全部字段。查询结果如图 3 所示。

图 3

(2)在"销售明细"窗体中添加"房源信息"和"客户信息"按钮,分别实现运行"按照窗体房源代码查询"和"按照窗体客户代码查询"查询。查询结果如图 4 所示。

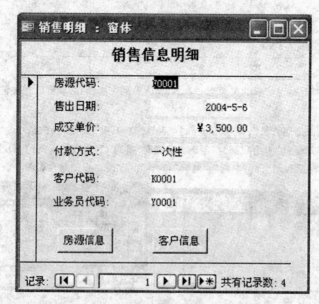

图 4

第22套　上机考试试题

一、基本操作题

在考生文件夹中有一个名为"Acc1.mdb"的数据库。

(1)将"学生"表以文本文件格式导出,保存到考生文件夹中,第一行包含字段名称,分隔符为逗号。保存文件名为"学生.txt"。

(2)将"课程"表的"课程名称"字段列冻结,"课程编号"列隐藏,按"学分"字段的升序排列。

(3)为"教师"表创建高级筛选,筛选出具有博士学历的教师信息。

二、简单应用题

在考生文件夹中的"Acc2.mdb"数据库中有"student"、"课程"和"成绩"3张表。

(1)以"student"表为数据源,创建查询"查询1",查询学生名字中出现"小"字的学生信息。结果显示"student"表中的全部字段。

(2)创建宏"宏1",运行查询"查询1"。查询结果如图1所示。

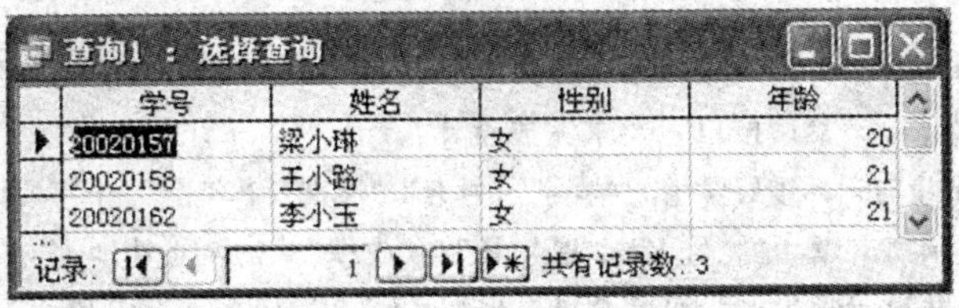

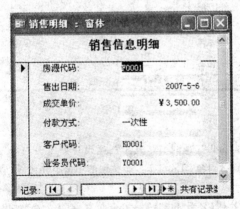

图1

三、综合应用题

在考生文件夹中有一个名为"Acc3.mdb"的数据库。

(1)以"房产销售情况"表为数据源,创建"销售明细"窗体,在窗体中显示"房产销售情况"表的全部字段,文本框的特殊效果为"平面"。在窗体页眉中添加"销售信息明细"标签。标签文本格式为宋体、12号、加粗、居中显示。窗体显示效果如图2所示。

图2

(2)以"房源基本情况"表为数据源,创建"按照房源代码查询"查询,查询与"销售明细"窗体中房源代码相同的房源信息。结果显示"房源基本情况"表中的全部字段。

第23套　上机考试试题

一、基本操作题

在考生文件夹中的“Acc1.mdb”数据库中已经建立了两个表对象（名为“员工表”和“部门表”）。请按以下要求，完成表的各种操作：

(1)设置表对象“员工表”的“聘用时间”字段有效性规则为：1950年(含)以后的日期，同时设置相应有效性文本为“请输入有效日期”。

(2)将表对象“员工”表中编号为“000008”的员工的“照片”字段值替换为考生文件夹中的图像文件“000008.bmp”。

(3)删除“员工”表中“姓名”字段中含有“红”字的员工记录。

(4)隐藏“员工”表的所属部门字段。

(5)删除“员工”表和“部门”表之间已建立的错误表间关系，重新建立正确关系。

(6)将考生文件夹中“Test.xls”中的数据导入当前数据库的新表中。要求第一包含列标题，导入其中的“编号”、“姓名”、“性别”、“年龄”和“职务”5个字段，选择“编号”字段为主键，新表命名为“tmp”。

二、简单应用题

在考生文件夹中有一个名为“Acc2.mdb”的数据文件，其中已经设计好3个关联表对象“tStud”、“tCourse”、“tScore”和一个临时表“tTemp”及一个窗体“fTmp”。请按以下要求完成设计：

(1)创建一个查询，查找并显示没有运动爱好学生的“学号”、“姓名”、“性别”和“年龄”4个字段内容，将查询命名为“查询1”。

(2)创建一个查询，查找并显示所有学生的“姓名”、“课程号”和“成绩”3个字段内容，将查询命名为“查询2”。

(3)创建一个参数查询，查找并显示学生的“学号”、“姓名”、“性别”和“年龄”4个字段内容。其中，设置“性别”字段为参数，参数条件引用窗体“fTmp”上控件“tSS”的值，将查询命名为“查询3”。

(4)创建一个查询，删除临时表“tTemp”中年龄为奇数的记录，将查询命名为“查询4”。查询结果如图1所示。

tTemp : 表

编号	姓名	性别	年龄	职务
000001	江名平	男	24	职员
000003	程鑫	男	20	职员
000006	江滨	女	30	主管
000010	梦娜	女	22	职员
000011	吴大伟	男	24	主管
000012	李磊	男	26	经理
000013	郭薇	女	22	职员
000015	张宏	女	26	职员

记录: 5 共有记录数: 25

图1

三、综合应用题

在考生文件夹中有一个名为“Acc3.mdb”的数据库，其中已经设计好了表对象“tEmp”、窗体对象“fEmp”、报表对象“rEmp”和宏对象“mEmp”。同时，给出窗体对象“fEmp”上一个按钮的单击事件代码，请按以下功能要求补充设计：

(1)重新设置窗体标题为“信息输出”。

(2)调整窗体对象“fEmp”上“退出”按钮(名为“bt2”)的大小和位置，要求大小与“报表输出”按钮(名为“bt1”)一致，且左边对齐“报表输出”按钮，上边距离“报表输出”按钮1cm(即“bt2”按钮的上边距离“bt1”按钮的下边1cm)。

(3)将报表记录数据按照姓氏分组升序排列，同时要求在相关组页眉区域添加一个文本框控件(命名为“tm”)，设置属性显示姓氏信息，如“陈”、“刘”……

注意，这里不用考虑复姓等特殊情况。所有姓名的第一个字符视为其姓氏信息。

(4)单击窗体“报表输出”按钮(名为“bt1”)，调用事件代码实现以预览方式打开报表“rEmp”；单击“退出”按钮(名为“bt2”)，调用设计好的宏“mEmp”以关闭窗体。显示结果如图2所示。

注意：不要修改数据库中的表对象“tEmp”和宏对象“mEmp”；不要修改窗体对象“fEmp”和报表对象“rEmp”中未涉及的

控件和属性。

只允许在 Add 注释之间的空行内补充一行语句,完成设计,不允许增删和修改其他已存在的语句的位置。

图 2

第24套 上机考试试题

一、基本操作题

在考生文件夹中的"Acc1.mdb"数据库中已建立 3 个关联表对象("职工"表、"物品"表和"销售业绩"表)、一个窗体对象(名为"fTest")和一个宏对象(名为"mTest")。请按以下要求,完成表和窗体的各种操作:

(1)为表对象"职工表"追加一个新字段。字段名称为"类别",数据类型为"文本型",字段大小为2,设置该字段的有效性规则为只能输入"在职"与"退休"值之一。

(2)将考生文件夹中的文本文件"Test.txt"中的数据链接到当前数据库中。其中,第一行数据是字段名,链接对象以"tTest"命名保存。

(3)窗体"fTest"中的按钮"bt1"和按钮"bt2"大小一致,且上对齐。现调整按钮"bt3"的大小与位置,要求:按钮"bt3"的大小与按钮"bt1"相同,上边界与按钮"bt1"上对齐,水平位置处于按钮"bt1"和"bt2"中间。

(4)更改窗体上 3 个按钮的 Tab 键移动顺序为:bt1→bt2→bt3→bt1→···

(5)将宏"mTest"重命名为"mTemp"。

二、简单应用题

在考生文件夹下有一个数据库文件"Acc2.mdb",里面已经设计好 3 个关联表对象"tStud"、"tCourse"、"tScore"和表对象"tTemp"。请按以下要求完成设计:

(1)创建一个选择查询,查找并显示没有摄影爱好的学生的"学号"、"姓名"、"性别"和"年龄"4 个字段内容,将查询命名为"查询1"。

(2)创建一个总计查询,查找学生的成绩信息,并显示为"学号"和"平均成绩"两列内容。其中"平均成绩"由统计计算得到,将查询命名为"查询2"。

(3)创建一个选择查询,查找并显示学生的"姓名"、"课程名"和"成绩"3 个字段内容,将查询命名为"查询3"。

(4)创建一个更新查询,将表"tTemp"中"年龄"字段的值加 1,并清除"团员否"字段的值,所建查询命名为"查询4"。

三、综合应用题

在考生文件夹中有一个名为"Acc3.mdb"的数据库文件,其中已经设计了表对象"tEmp"、窗体对象"fEmp"、报表对象"rEmp"和宏对象"mEmp"。请在此基础上按照以下要求补充设计:

(1)设置表对象"tEmp"中"聘用时间"字段的有效性规则为:2006 年 9 月 30 日(含)以前的时间。相应有效性文本设置为"输入二零零六年九月以前的日期"。

(2)将报表"rEmp"按照"年龄"字段降序排列输出;将报表页面页脚区域内名为"tPage"的文本框控件设置为"第 N 页/共 M 页"的页码显示格式。

(3)将"fEmp"窗体上名为"bTitle"的标签宽度设置为 5cm,高度设置为 1cm,设置其标题为"数据信息输出"并居中显示。

(4)"fEmp"窗体上单击"输出"按钮(名为"btnP"),实现以下功能:计算 Fibonacci 数列第 19 项的值,将结果显示在窗体上名为"tData"的文本框内并输出到外部文件保存;单击"打开表"按钮(名为"btnQ"),调用宏对象"mEmp"以打开数据表"tEmp"。

Fibonacci 数列:

$F_1 = 1$ 　　　　　　　　　　$n = 1$

$$F_2 = 1 \qquad\qquad n = 2$$
$$F_n = F_{n-1} + F_{n-2} \qquad n \geqslant 3$$

调试完毕后，必须单击"输出"按钮生成外部文件，才能得分。

试根据上述功能要求，对已给的按钮事件进行补充和完善。程序代码只允许在 Add 注释之间的空行内补充一行语句，完成设计，不允许增删和修改其他位置已存在的语句。窗体显示如图 1 所示；tEmp 表对象，如图 2 所示。

图 1

编号	姓名	性别	年龄	所属部门	聘用时间	简历	照片
000001	李四	男	24	04	2001-3-5	爱好：摄影	
000002	张三	女	23	04	2002-2-6	爱好：书法	
000003	程鑫	男	20	03	2005-1-3	组织能力强，善于表现自己	
000004	刘红兵	男	25	03	2000-6-9	组织能力强，善于交际，有上进心	
000005	钟舒	女	35	02	1990-8-4	爱好：绘画，摄影，运动	
000006	江滨	女	30	04	1995-6-5	有组织，有纪律，爱好：相声，小品	
000007	王建钢	男	19	01	2006-1-5	有上进心，学习努力	
000008	璐娜	女	19	04	2006-2-14	爱好：绘画，摄影，运动，有上进心	
000009	李小红	女	23	02	2002-3-14	组织能力强，善于交际，有上进心组织i	
000010	梦娜	女	22	02	2003-3-14	善于交际，工作能力强	

记录：| ◄◄ | ◄ | 3 | ► | ►► | ►* | 共有记录数：10

图 2

第25套　上机考试试题

一、基本操作题

在"Acc1.mdb"数据库中有"订单"表。

(1)按照下表的要求创建"雇员"表。

字段名称	数据类型	字段大小	是否主键
雇员 ID	文本	5	是
雇员姓名	文本	10	
性别	文本	1	
职务	文本	10	

(2)设置"雇员"表，"性别"字段的默认值为"男"，有效性规则为"男"Or"女"。输入有效性规则不允许的值时，提示信息为"请输入男或女字样！"。

(3)在"雇员"表中输入如下数据。

雇员 ID	雇员姓名	性别	职务
10001	黎明	男	销售主管
10002	王翔	男	销售经理

二、简单应用题

在"Acc2.mdb"数据库中有"入学登记表"、"系"和"专业"三张表。

(1)以"入学登记表"、"系"和"专业"表为数据源,创建查询"查询1",实现查询每个系的最高高考分数。结果显示系名称和最高分字段,最高分=[入学登记表].[高考分数]之 Sum。查询结果如图1所示。

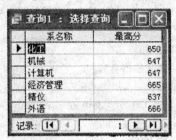

图1

(2)以"入学登记表"为数据源,创建查询"查询2",实现查询1980年和1981年之间出生的考生信息。结果显示"姓名"、"性别"、"出生年月日"、"高考所在地"和"高考分数"字段。查询结果如图2所示。

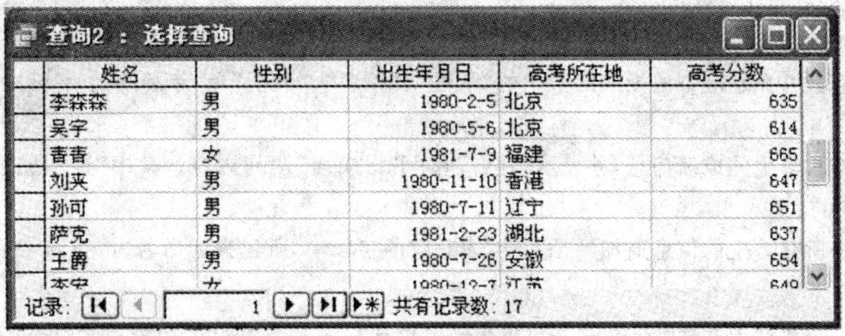

姓名	性别	出生年月日	高考所在地	高考分数
李森森	男	1980-2-5	北京	635
吴宇	男	1980-5-6	北京	614
吾吾	女	1981-7-9	福建	665
刘来	男	1980-11-10	香港	647
孙可	男	1980-7-11	辽宁	651
萨克	男	1981-2-23	湖北	637
王勇	男	1980-7-26	安徽	654
李丰	女	1980-12-7	江苏	649

记录: 1 共有记录数:17

图2

三、综合应用题

在考生文件夹中有一个名为"Acc3.mdb"的数据库。

(1)以"课程成绩"表为数据源,创建分组统计查询"平均分",统计每个学生的平均分,结果显示"学号"和"平均分"字段,按照平均分降序排列。

(2)以"学生"表为数据源,创建"学生"窗体,布局为"纵栏表",样式为"标准"。在窗体中添加以"平均分"查询为数据源的子窗体,在窗体显示"平均分"查询的全部信息。窗体显示如图3所示。

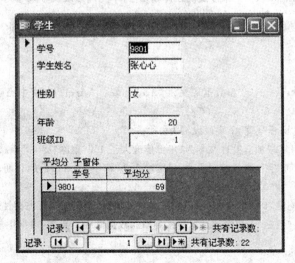

图3

第26套 上机考试试题

一、基本操作题

考生文件夹中存在一个名为"Acc1.mdb"的数据库文件,其中已经设计好表对象"Student"。请按照以下要求,完成对表的修改:

(1)设置数据表显示的字体大小为18,行高为20。

(2)设置"简历"字段的设计说明为"大学入学时的信息"。

(3)将"年龄"字段的字段大小改为整型。

(4)将学号为"20061001"学生的照片信息换成考生文件夹中的"zhao.bmp"图像文件。

(5)将隐藏的"入校时间"字段重新显示出来。

(6)完成上述操作后,将"备注"字段删除。

二、简单应用题

考生文件夹中存在一个名为"Acc2.mdb"的数据库文件,其中已经设计好3个关联表对象"学生"、"课程"和"成绩"及表对象"Temp"。试按以下要求完成设计:

(1)创建一个查询,查找并显示学生的"姓名"、"课程名"和"分数"。所建立的查询命名为"查询1"。

(2)创建一个查询,查找并显示有书法爱好的学生的"学号"、"姓名"、"性别"和"年龄"4个字段内容,所建立的查询命名为"查询2"。

(3)创建一个查询,查找学生的成绩信息,并显示"姓名"和"平均成绩"两列内容。其中"平均成绩"由统计计算得到,所建立的查询命名为"查询3"。

(4)创建一个查询,将所有男生的信息追加到"Temp"表对应的字段中,所建查询命名为"查询4"。

三、综合应用题

考生文件夹下存在一个数据库文件"Acc3.mdb",里面已经设计好表对象"职工"和宏对象"mos",以及以"职工"为数据源的窗体对象"Employee"。试在此基础上按照以下要求补充窗体设计:

(1) 在窗体的页眉节区添加一个标签控件,其名称为"sTitle",初始化标题显示为"职工基本信息",字体为隶书,字号为18,字体粗细为"加粗"。

(2) 在窗体页脚区添加一个命令按钮,命名为"com1",按钮标题为"显示职工"。

(3)设置按钮"com1"的单击事件属性为运行宏对象"mos"。

(4)将窗体的滚动条属性设置为"两者均无"。

注意:不允许修改窗体对象"Employee"中未涉及的控件和属性;不允许修改表对象"职工"和宏对象"mos"。

第27套 上机考试试题

一、基本操作题

在考生文件夹中有文本文件"tTest.txt"和数据库文件"Acc1.mdb","Acc1.mdb"中已建立表对象"tStud"和"tScore"。请按以下要求,完成表的各种操作:

(1)将表"tScore"的"学号"和"课程号"两个字段设置为复合主键。

(2)设置"tStud"表中的"年龄"字段的有效性文本为"年龄值应大于16";删除"tStud"表结构中的"照片"字段。

(3)设置表"tStud"的"入校时间"字段有效性规则为:只能输入2009年10月以前的日期。

(4)设置表对象"tStud"的行高为20。

(5)完成上述操作后,建立表对象"tStud"和"tScore"间的一对多关系,并实施参照完整性。

(6)将考生文件夹中文本文件"tTest.txt"中的数据链接到当前数据库中。要求:数据中的第一行作为字段名,链接表对象命名为"tTemp"。

二、简单应用题

考生文件夹中有一个名为"Acc2.mdb"的数据文件,其中存在已经设计好的表对象"tStud"、"tCourse"、"tScore"和

"tTemp"。请按以下要求完成设计：

(1)创建一个查询，查找没有先修课程的课程，显示与该课程有关的学生的"姓名"、"性别"、"课程号"和"成绩"4个字段的内容，将查询命名为"查询1"。

(2)创建一个查询，查找含有"101"或者"102"信息的先修课程，并显示其"课程号"、"课程名"及"学分"3个字段内容，将查询命名为"查询2"。

(3)创建一个查询，查找并显示姓名中含有"红"字学生的"学号"、"姓名"、"性别"和"年龄"4个字段的内容，将查询命名为"查询3"。

(4)创建一个查询，将"tTemp"表中"学分"字段的记录全部更新为0，将查询命名为"查询4"。查询结果如图1所示。

课程号	课程名	学分	先修课程
S0101	数学	0	
S0102	物理	0	S0101
S0103	化学	0	S0101
S0104	英语	0	
S0105	政治	0	
S0106	体育	0	S0102
S0201	计算机文化基础	0	
S0202	程序设计	0	S0201
S0203	软件工程	0	S0202

记录： 1 共有记录数：12

图1

三、综合应用题

考生文件夹中有一个名为"Acc3.mdb"的数据库文件，其中存在已经设计好的表对象"tEmp"、查询对象"qEmp"和窗体对象"fEmp"。同时，给出窗体对象"fEmp"上两个按钮的单击事件的部分代码，请按以下要求补充设计：

(1)将窗体"fEmp"上名称为"tSS"的文本框控件改为组合框控件，控件名称不变，标签标题不变。设置组合框控件的相关属性，以实现从下拉列表中选择输入性别值"男"和"女"。

(2)将查询对象"qEmp"改为参数查询，参数为在窗体对象"fEmp"组合框"tSS"中输入的值。

(3)将窗体对象"fEmp"中名称为"tPa"的文本框控件设置为计算控件。要求依据"党员否"字段值显示相应内容。如果"党员否"字段值为True，显示"党员"；如果"党员否"字段值为False，显示"非党员"。

(4)在窗体对象"fEmp"上有"刷新"和"退出"两个按钮，名称分别为"bt1"和"bt2"。单击"刷新"按钮，窗体记录源改为查询对象"qEmp"；单击"退出"按钮，关闭窗体。现已编写了部分VBA代码，请按照VBA代码中的指示将代码补充完整。窗体显示效果如图2所示。

注意：不能修改数据库中的表对象"tEmp"；不能修改查询对象"qEmp"中未涉及的内容；不能修改窗体对象"fEmp"中未涉及的控件和属性。

只允许在Add注释之间的空行内补充一行语句，完成设计，不允许增删和修改其他位置已存在的语句。

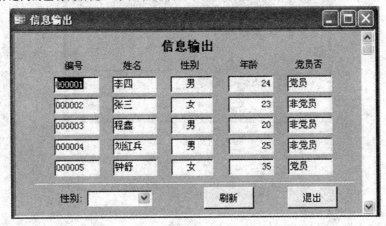

图2

第28套　上机考试试题

一、基本操作题

在"Acc1.mdb"数据库中有"订单"表和"雇员"表。

(1)按照下表的要求建立"订单明细"表,"折扣"字段的有效性规则为">0 and<=1"。

字段名称	数据类型	字段大小	是否主键
订单 ID	文本	10	是
产品 ID	文本	5	
单价	货币		
数量	数字	整数	
折扣	数字	单精度	

(2)在"订单明细"表中输入如下数据。

订单 ID	产品 ID	单价	数量	折扣
A000001	A1020	￥110.50	5	0.90

(3)将"订单明细"表到"订单"表的关系设置为一对一,实施参照完整性。

二、简单应用题

在"Acc2.mdb"数据库中有"入学登记"、"系"和"专业"表。

(1)以"入学登记"表、"系"和"专业"表为数据源,创建生成表查询"查询1",生成"入学明细"表,包含"ID"、"姓名"、"性别"、"出生年月日"、"高考所在地"、"高考分数"、"专业名称"和"系名称"字段。

(2)以"入学登记"表、"系"和"专业"表为数据源,创建查询"查询2",计算每个系的平均高考分数。结果显示"系名称"和"高考分数"字段。

三、综合应用题

在考生文件夹中有一个名为"Acc3.mdb"的数据库。

(1)以"部门人员"表和"工资"表为数据源,创建查询"工资明细表",查询每个员工的税前工资和税后工资。结果显示"员工姓名"、"税前工资"和"税后工资"字段,税前工资=[工资表]![基本工资]+[工资表]![岗位工资]-[工资表]![住房补助]-[工资表]![保险]。税后工资=税前工资＊0.95。

(2)以"工资明细表"查询为数据源,自动创建纵栏格式窗体"工资明细表"。在窗体页眉中添加标签"工资明细表"(宋体、12号、加粗)。"工资明细表"窗体结果如图1所示。

图 1

第29套 上机考试试题

一、基本操作题

(1)新建"Acc1.mdb"数据库,将考生文件夹中的"学生.xls"导入,第一行包含列标题,将学号设置为主键,将导入表命名为"学生"。如图1所示。

(2)为"姓名"字段设置有重复索引。

(3)为"学生"表保存窗体类型的副本。

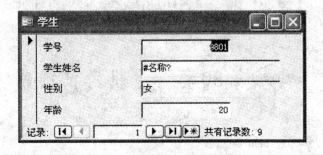

图1

二、简单应用题

在"Acc2.mdb"中有"产品"、"存货表"和"销售情况表"3张表。

(1)以"产品"表和"存货表"为数据源,创建"应得利润"查询,查询每种商品的应得利润。结果显示"产品名称"和"应得利润"字段,应得利润=Sum([存货表]![数量][产品]![价格])＊0.15。

(2)以"产品"表和"存货"表为数据源,创建生成表查询"进货",生成"进货"表。将商场存货为0的产品添加到"进货"表中。该表中包含"产品"表的全部字段。"进货"表如图2所示。

图2

三、综合应用题

在考生文件夹中有一个名为"Acc3.mdb"的数据库。

(1)以"课程信息"表为数据源,自动创建"课程"窗体。

(2)在课程窗体中添加"课程信息"页眉标签,标签文本字体为宋体、12号、加粗、居中显示。在页脚添加"下一记录"、"前一记录"、"添加记录"、"保存记录"和"关闭窗口"按钮,分别实现转到下一记录、转到前一记录、添加记录、保存记录和关闭窗口。设置窗体为弹出格式。"课程"窗体的显示效果如图3所示。

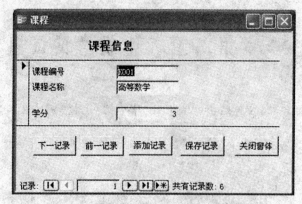

图3

第30套　上机考试试题

一、基本操作题

在考生文件夹中有一个名为"Acc1.mdb"的数据库。

(1)在"演员"表中添加"地域"字段,字段类型为文本,字段大小为10,并输入如下数据。

演员 ID	地域
1	内地
2	内地
3	港台
4	港台
5	港台
6	内地

(2)以"演员"表为数据源,进行高级筛选,筛选出所有中国大陆地区的女演员信息。

(3)设置"录影集"表的行高为13,按出版年份升序排列,设置背景颜色为深青色,网格线颜色为深蓝色。

二、简单应用题

在"Acc2.mdb"数据库中有"部门人员"、"部门信息"、"订单"、"订单明细"、"产品"和"工资"表。

(1)以"产品"和"订单"表为数据源,创建分组统计查询"查询1",统计每种产品的订单数。结果显示"产品名称"和"订单数"字段。

(2)以"部门人员"和"订单"表为数据源,创建查询"查询2",查询"田佳西"经手的订单信息。结果显示姓名和订单 ID。

三、综合应用题

在考生文件夹中有一个名为"Acc3.mdb"的数据库。

(1)以"学生成绩表"和"学生档案信息"表为数据源,创建"不及格学生信息"查询,查询不及格学生的全部信息。结果显示"学生档案信息"表中的全部信息。

(2)创建"不及格学生信息"宏,打开"不及格学生信息"查询。

(3)在"学生信息查询"窗体中添加"不及格学生信息"按钮,运行"不及格学生信息"宏。查询结果如图1所示。

图1

第4章 笔试考试试题答案与解析

 第1套 笔试考试试题答案与解析

一、选择题

1. D。【解析】算法的空间复杂度，是指执行这个算法所需的存储空间。算法所占用的存储空间包括算法程序所占用的空间、输入的初始数据所占用的存储空间以及算法执行过程中所需要的额外空间。

2. D。【解析】数据的存储结构是指数据的逻辑结构在计算机存储空间中的存放形式，一种数据结构可以根据需要采用不同的存储结构，数据的存储结构有顺序结构和链式结构。不同的存储结构，其处理的效率是不同的。

3. D。【解析】所谓的交换排序方法是指借助数据元素之间的互相交换进行排序的一种方法，包括冒泡排序和快速排序，冒泡排序通过相邻元素的交换，逐步将线性表变成有序，是一种最简单的交换排序方法。

4. C。【解析】结构化程序设计的原则和方法之一是限制使用 GOTO 语句，但不是绝对不允许使用 GOTO 语句。其他三项为结构化程序设计的原则。

5. D。【解析】文件系统所管理的数据文件基本上是分散、相互独立的。相对于数据库系统，以此为基础的数据处理存在3个缺点：数据冗余大、数据的不一致性、程序与数据的相互依赖。

6. C。【解析】面向对象的设计方法的基本原理是：使用现实世界的概念抽象地思考问题从而自然地解决问题。它强调模拟现实世界中的概念而不强调算法，它鼓励开发者在软件开发的绝大部分中都要从应用领域的概念去思考。

7. D。【解析】所谓的后序遍历是指，首先遍历左子树，然后遍历右子树，最后访问根结点，并且在遍历左、右树时，仍然先遍历左子树，然后遍历右子树，最后访问根结点。因此，后序遍历二叉树的过程也是一个递归过程。

8. B。【解析】软件的过程设计是指系统结构部件转换成软件的过程描述。

9. A。【解析】模块的独立性是指每个模块保证完成系统要求的独立子功能，并且与其他模块的联系少且接口简单。衡量软件的模块独立性：内聚性和耦合性两个定性度量标准。耦合性是模块间互相连接紧密程度的度量；一般较优秀的软件设计，应尽量做到高内聚，低耦合，即减弱模块之间的耦合性和提高模块内的内聚性，有利于提高模块的独立性。

10. C。【解析】对象的封装性是指从外面看只能看到对象的外部特性；而对象的内部，其处理能力的实行和内部状态对外是不可见的，隐蔽的。

11. B。【解析】在 Access 关系数据库中，具备了比较强大的程序设计能力，不仅具有传统的模块化程序设计能力，还具有面向对象的程序设计能力。Access 可以使用系统菜单以及程序命令等多种方式创建复杂的数据库应用系统。

12. D。【解析】在 Access 中，支持多种数据类型，其中"是/否"型又称布尔型，是针对只包含两种不同取值的字段设置的。

13. A。【解析】本题考查字段的输入掩码的知识。输入掩码中的字符"9"可以选择输入数字或空格；输入掩码中的字符"0"表示必须输入 0~9 的数字；"L"表示必须输入字母 A~Z；"#"表示可以选择输入数据和空格，在编辑模式下空格以空白显示，但是保存数据时将空白删除，允许输入"＋"或"－"；"C"表示可以输入任何数据和空格。当直接使用字符来定义输入掩码时，可以根据需要将字符组合起来。本题的答案应该为"000000"。

14. B。【解析】本题考查 Access 数据类型的基础知识。Access 中的字段数据类型有：文本型、数字型、日期/时间型、备注型、自动编号型、货币型、OLE 型、是/否型、查阅向导型和超级链接型。其中 OLE 型主要用于将某个对象链接或嵌入到 Access 数据库的表中。文本型最多存储 255 个字符；备注型最多存储 64000 个字符；日期/时间型数据占用 8 个字节；自动编号数据类型占用 4 个字节。

15. D。【解析】在 Access 中，字符型常量要求用双引号括起来；表示集合的方法是用括号括起集合的所有元素，这些元素之间用逗号隔开；另外，表示在某个集合内的关键字用 in，反之，若表示不在某个集合内，则用 not in。

16. A。【解析】关系数据库中有两种完整性约束：实体完整性和参照完整性。实体完整性就是主属性不能为空，参照完整性是指两个逻辑上有关系的表必须使得表里面的数据满足它们的关系。

< **113** >

17. C。【解析】查询的设计视图分为上下两部分,上半部分为字段列表,下半部分为设计网格。其中的设计网格中常用的有:"字段"表示可以在此添加或输入字段名;"表"表示字段所在的表或查询的名称;"总计"用于确定字段在查询中的运算方法;"排序"用于选择查询所采用的常用方法;"准则"用于输入一个准则来限定记录的选择。

18. D。【解析】在 Access 中进行计算时,可以使用统计函数,比较常用的有求和 SUM、求平均值 AVG、求最大值 MAX、最小值 MIN 和计数 COUNT。其中计数函数 COUNT 不能忽略字段中的空值。

19. A。【解析】本题考查窗体的基本用法。窗体能响应的事件不多,当窗体刚刚被打开时,首选触发 Load 事件,其次继续触发 Open 事件,再次是触发 Activate 事件,最后窗体在关闭时触发 Unload 事件。

20. B。【解析】本题中,SQL 查询由于有分组查询 Group By 子句,在 Group By 后面是分组字段,也就是按性别分组计算并显示性别和入学成绩的平均值。

21. D。【解析】交叉表查询就是将来源于某个表中的字段进行分组,一组列在数据表的左侧,一组列在数据表的上部,然后在数据表行与列的交叉处显示表中某个字段的各种计算机值。它可以将数据分为两组显示。一组显示在数据表的左边,而另一组显示在数据表的上方,这两组数据都作为数据的分类依据;左边与上面的数据在表中的交叉点可以对表中另外一组数据进行求总和与求平均值的运算。

22. A。【解析】本题考查输入掩码的基本知识。在设计字段的时候可以使用输入掩码来使得输入的格式标准保持一致;输入掩码中的"A"代表必须输入字母或数字,字符"0"代表必须输入 0~9 的一位数字;在定义字段的输入掩码时,既可以使用输入掩码向导,也可以直接使用字符;当直接使用字符来定义输入掩码时,可以根据需要将字符组合起来。

23. D。【解析】报表页眉位于报表的开始位置,一般用来显示报表的标题、图形或者说明性文字;报表页脚位于报表的结束位置,一般用来显示报表的汇总说明;页面页眉位于每页的开始位置,一般用来显示报表中的字段名称或记录的分组名称;页面页脚位于每页的结束位置,一般用来显示本页的汇总说明。

24. A。【解析】本题考查 SQL 语句的知识。SQL 语言的功能十分强大,它包括数据定义功能、数据查询功能、数据操纵功能和数据控制功能。SQL,能定义的数据包括表、视图、索引等,不包括报表。

25. A。【解析】本题考查宏的知识。宏是一个或多个操作的序列,每个操作自动实现自己的功能。在 Access 的窗体、报表中都可以使用宏,在宏中也可以使用宏,而在数据表中是不能使用宏的。

26. C。【解析】本题考查宏和模块的知识。模块是能够被程序调用的函数,里面不能包含窗体或报表的事件代码;宏是一个或多个操作的序列,可以通过宏选择或更新数据,宏里面也不能包含窗体或报表的事件代码;宏是数据对象的一部分,不能独立存在,只能依赖于数据对象来进行操作。

27. D。【解析】本题考查结构化程序设计的使用。VBA 是一种结构化的程序设计方式,结构化的程序设计方式要求程序只能由顺序、分支和循环 3 种基本控制结构组成。

28. A。【解析】本题考查取子串函数的知识。在 VBA 中有 3 种取子串函数:Left 函数用于从字符串左端开始取 n 个字符;Right 函数用于从字符串右端开始取 n 个字符(注意子串中字符的顺序与母串中相同);Mid 函数可以实现在任何位置取任何长度的子串。截取第 2 个字符开始的 4 个字符应该用 Mid(s,2,4)。

29. C。【解析】本题考查 VBA 中数组的使用。数组变量由变量名和数组下标构成,我们通常使用 Dim 语句来定义数组,其格式为:Dim 数组名([下标下限 to]下标上限)As 数据类型

其中,下标下限默认为 0。数组中的元素个数=下标上限-下标下限+1。

30. B。【解析】本题考查 VBA 程序设计的知识。模块是能够被程序调用的函数,可以在模块中放置任意复杂的代码段。而窗体只能设计自己的事件,报表也不能设计复杂的代码,宏里面只能设计宏操作。

31. A。【解析】本题考查 VBA 程序运行错误处理的知识。在 VBA 中,程序运行错误处理的语句有 3 种,分别是:On Error GoTo 标号,在遇到错误时程序转移到标号所指位置代码执行;On Error Resume Next,在遇到错误时不会考虑错误并继续执行下一条语句;On Error GoTo 0,在遇到错误时,关闭错误处理。

32. D。【解析】本题考查 VBA 中数据库访问接口的知识。在 VBA 中,数据库访问接口有 3 种:开放数据库互连(ODBC)、数据访问对象(DAO)和 Active 数据对象(ADO)。

33. A。【解析】本题考查 VBA 中参数传递的知识。在 VBA 的过程调用时,参数有两种传递方式:传址传递和传值传递。如果在过程声明时形参用 ByVal 声明,说明此参数为传值调用,此时形参的变化不会返回到实参;若用 ByRef 声明,说明此参数为传址调用,此时形参的变化将会返回到实参。若没有说明传递类型,则默认为传址传递。

34. C。【解析】本题考查 VBA 中循环的知识。对于这种循环结构,首先看条件判断在循环体的前面还是后面,如果是先

判断条件,则有可能一次也不执行循环体;如果是后判断条件,则无论条件如何至少执行一次循环体。在 Until 循环中,条件为假时执行循环体,条件为真时退出循环;在 While 循环中,条件为真时执行循环体,条件为假时退出循环,这一点要注意区分清楚。本题中的 A 循环执行 4 次,B 循环执行 1 次,C 循环一次也不执行,D 循环执行 4 次。

35.D。【解析】本题考查程序设计的知识。本题的重点在于判断 Int(num/2)＝num/2 语句。对于任意整数来说,若其除 2 后为整数,也就是 Int(num/2)＝num/2 成立,说明该数是一个偶数;反之若其除 2 后不为整数,此时 Int(num/2)必然不等于 num/2,也就是一个整数不可能等于一个小数,说明该数是一个奇数。所以本题的功能是对输入的数据分别统计奇偶数的个数。

二、填空题

1.物理独立性【解析】数据的独立性分为物理独立性和逻辑独立性。其中,物理独立性是指数据的物理结构(包括存储结构和存取方式)改变时,不需要修改应用程序。而逻辑独立性是指当逻辑结构改变时,不需要修改应用程序。

2.交换排序【解析】常用的排序方法有:交换排序、插入排序和选择排序。其中交换排序包括冒泡排序和快速排序,插入排序包括简单插入排序和希尔排序,选择排序包括直接选择排序和堆排序。

3.自顶向下【解析】在程序设计时,应先考虑总体,后考虑细节,逐步问题具体化,所以上述方法概括为:自顶向下,逐步细化。

4.19【解析】在任意一棵二叉树中,度数为 0 的结点(即叶子结点)总比度为 2 的结点多一个,因此该二叉树中叶子结点为 18+1＝19。

5.有穷性【解析】算法有 4 个基本特征,分别是可行性、确定性、有穷性和拥有足够的情报。

6.#【解析】本题考查通配符的知识。Access 中的条件表达式设计中经常要用到通配符,常见的通配符有:"＊"代表 0 个或多个任意字符;"?"代表一个任意字符;"#"代表一个任意数字字符;"[]"代表与［］内任意一个字符匹配:"!"代表与任意一个不在方括号内的字符匹配,必须与[]一起使用。

7.参数【解析】本题考查查询种类的知识。在 Access 中的参数查询是一种利用对话框来提示用户输入准则的查询,这种查询可以根据用户输入的准则来检索符合相应条件的记录,可实现随机的查询需求,提高了查询的灵活性。

8.设计【解析】本题考查数据访问页的基础知识。数据访问页有两种视图方式:页视图和设计视图。

9.条件表达式的值。【解析】本题考查分支结构的知识。VBA 中无论是单分支结构还是多分支结构,都是根据判断条件表达式的值来选择程序运行语句的。

10.Variant【解析】本题考查数据类型的知识。在 VBA 中有一种特殊的类型:变体类型(Variant),这种类型可以包含大部分其他类型的数据。在 VBA 中,如果没有显式声明变量的类型,则该变量默认为变体类型(Variant)。

11.25【解析】本题考查循环的知识。对于循环类的问题我们首先分析清楚循环执行的次数,然后弄清楚每次循环时都执行了哪些事件。本题中循环执行 5 次,累加 1、3、5、7、9 的值,所以最后结果为 25。

12.num i【解析】本题考查选择和循环的知识。求最大值的程序比较简单,只要先设置一个代表最大值的变量,其初值为足够小;然后开始依次检查输入的数据,如果输入的数据比当前的最大值大,则代表新输入的数据应该作为新的最大值;这样循环结束后可以保证最大值变量里面放的是所有数据中的最大值。所以,在第一个空白处应该填入 num。每次循环的 i 值刚好是输入数据的次序值,当输入的数据比当前的最大值大时,当前的 i 值就是新的最大值的位置。所以在第二个空白处应该填入 i。

13.fd+1 rs.MoveNext【解析】本题考查程序设计和连接对象使用的综合知识。在本题中首先定义了一个连接对象,由于 fd 这个变量实际上是当前记录"年龄"这个字段的值,在循环内应该使得 fd 自动加 1,所以在第一个空白处应该填入 fd+1;由于循环要保证修改数据表内每一条记录,当打开一个数据表时当前记录为第一条记录,随后应该在循环中移动当前记录指针来遍历整个数据表,rs 是当前打开的数据表,数据表的 MoveNext 方法可以使当前记录指针下移一条记录,所以在第二个空白处应该填入 rs.MoveNext。

第2套 笔试考试试题答案与解析

一、选择题

1.C。【解析】栈是限定只在表尾进行插入或删除操作的线性表,因此栈是先进后出的线性表,队列是一种特殊的线性表,它只允许在表的前端(front)进行删除操作,在表的后端(rear)进行插入操作,队列具有先进先出(FIFO)的特点。综上所述可知,栈和队列只允许在端点处插入和删除元素。

2. B。【解析】数据的存储结构,又称为数据的物理结构,是数据的逻辑结构在计算机中的存放形式。

3. B。【解析】关系数据库管理系统的专门关系运算包括选择运算、投影运算和连接运算。

4. D。【解析】二叉树的遍历有3种:前序、中序和后序。①前序首先遍历访问根结点,然后按左右顺序遍历子结点;②中序遍历首先访问左子树,然后访问根结点,最后遍历右子树;③后序遍历首先遍历左子树,然后遍历右子树,最后访问根结点。本题根据后序和中序遍历的结果可以得出二叉树的结构,然后再对其进行前序遍历,正确答案选项为D。

5. A。【解析】根据单链表(包含头结点)的结构,只要掌握了表头,就能够访问整个链表,因此增加头结点的目的是为了便于运算的实现。

6. D。【解析】本题给出的两个关系R与S的表结构是不同的(R是二元关系,S是三元关系),它们不能进行∩、∪、一运算。而两个不同结构的关系是可以进行笛卡儿积(×)运算的。

7. A。【解析】耦合性用来表示模块间互相连接的紧密程度的度量,它取决于各个模块之间接口的复杂度、调用方式以及哪些信息通过接口。

8. C。【解析】软件测试是为了尽可能多地发现程序中的错误,尤其是至今尚未发现的错误。

9. D。【解析】需求分析常用工具有数据流图(DFD)、数据字典(DD)、判定树和判定表。问题分析图(PAD)、程序流程图(PFD)、盒式图(N-S)都是详细设计的常用工具,不是需求分析的工具。

10. D。【解析】模块化是结构化程序设计的特点。面向对象设计方法使用现实世界的概念抽象地思考问题从而自然地解决问题。它的特点包括:分类性、多态性、封装性、模块独立性、继承和多态性等。

11. C。【解析】Office 应用程序是微软公司出品的 OA 程序,其中最常见的有:Word 文字处理软件、Excel 电子表格软件、PowerPoint 演示文稿软件和 Access 数据库等。

12. C。【解析】Access 中利用设置字段的有效性规则来防止用户向字段中输入不合法的数据。有效性规则是一个条件表达式,通过判断用户的输入是否使得该条件表达式为真来决定是否接受此次输入。

13. A。【解析】一个关系数据库的表中有多条记录,记录之间的前后顺序并不会对库中的数据关系产生影响,所以行的顺序是无所谓的,可以交换顺序。

14. C。【解析】本题考查查询设计中的汇总。在查询设计视图中,"总计"行用于实现数据的汇总方式。在本题中,要求按单位进行汇总所以有"单位"的"总计"行中要选择分组语句 Group By;要求计算应发工资的总数,所以"应发工资"的"总计"行中要选择汇总命令"Sum"。

15. A。【解析】本题主要考查数据表的基本操作。Access 的数据表视图中,可以修改字段名称、删除字段和删除记录,但是不能够修改字段类型。字段的类型需要在设计视图中修改。

16. D。【解析】在 Access 中支持很多种数据类型,Access 中的字段数据类型有:文本型、数字型、日期/时间型、备注型、自动编号型、货币型、OLE 型、是/否型、查阅向导型和超级链接型。OLE 型主要用于将某个对象链接或嵌入到 Access 数据库的表中。

17. D。【解析】本题中,若要查找姓李的记录,可以有两种方法:一种是使用模糊查询 Like,可以写成 Like "李 *",注意"*"代表后面有0个或多个字符,不可缺少;另一种是利用取子串函数,姓李也就意味着姓名字段的左边一个字符为"李",故可以写成 Left([姓名],1)="李"。

18. B。【解析】本题考查操作查询的基本知识。操作查询又称动作查询,包含4种类型:追加查询、删除查询、更新查询和生成表查询。利用这几种查询可以完成为源表追加数据,更新、删除源表中的数据,以及生成表操作。本题为源表更新数据。

19. D。【解析】在 Access 中每个表都是数据库中的一个独立对象,它们通常会表示一个完整的实体。但是,正如现实世界中实体与实体之间有很多联系一样,表与表之间也存在相互的联系。两个表建立了联系,可以很有效地反映表中数据之间的关系。

20. A。【解析】本题考查操作查询的基础知识。操作查询包含4种类型:追加查询、删除查询、更新查询和生成表查询。选择查询是检查符合特定条件的一组记录,它们都是由用户指定查找记录的条件。

21. C。【解析】本题考查自动创建窗体的知识。在 Access 数据库中,有6种创建窗体的向导,其中纵栏式窗体、表格式窗体和数据表窗体3种可以自动创建。

22. B。【解析】本题考查页码格式的设置。在 Access 数据库中,文本框的格式规定:[Pages]表示总页数,[Page]表示当前页码。所以正确的格式应为"="第"&[Page]& "页,共"&[Pages]& "页"",其中 & 为字符串连接符。控制源格式都要由"="引出。

23.B。【解析】在 SQL 的查询语句中,SELECT 子句用于指定最后查询结果中的字段,FROM 子句用于指定需要查询的表,WHERE 子句用于指定查询条件,只有满足条件的元组才会被查询出来。

24.C。【解析】本题考查报表控件来源的基本知识。控件来源必须以"="引出,控件来源可以设置成有关字段的表达式,但是字段必须用方括号"[]"括起来。

25.C。【解析】数组变量由变量名和数组下标构成,我们通常使用 Dim 语句来定义数组,数组的下标是从 0 开始的。本题中的 a(2)就是数组的第三个元素即"钻床"。

26.D。【解析】本题考查的是数据访问页。数据访问页是用户通过因特网进行数据交互的数据库对象,可以用来发布数据库中任何保存的数据。数据访问页可以被认为是一个网页,类型为 HTML,扩展名为".HTM"。

27.C。【解析】本题考查宏的表达式的用法。宏使用表或窗体控件的表达式语法格式为:

Forms![窗体名]![控件名]

Reports![报表名]![控件名]

所以本题应该写成 Reports![repo1]![text1]。

28.B。【解析】窗体格式属性主要是针对窗体的显示格式而设置的,包括标题、滚动条、记录选择器、分隔符、边框样式、浏览按钮、最大最小化按钮和关闭按钮等。记录源是数据属性而非格式属性。

29.A。【解析】本题考查 VBA 中字符串的连接。在 VBA 中,字符串连接运算符有两个"&"和"+","&"运算符无论运算符两端的操作数为何种类型均执行强制连接;"+"只有当运算符两端的操作数都为字符串的时候才执行连接运算,否则就执行算术加法运算。本题要连接的除了字符串以外还有数值型表达式 3*7,所以不能用"+"只能用"&"。

30.D。【解析】在本题中,75 大于 60,所以不执行 x=1,再判断 75 大于 70,所以不执行 x=2,接着判断 75 不大于 80,所以执行 x=3,最后判断 75 不大于 90,所以不执行 x=4,最后 MsgBox 就输出 x 的值为 4。

31.D。【解析】本题考查循环的使用。外层循环从 1 到 3,要执行 3 次,而内层循环从 -3 到 1,执行 5 次,所以一共执行了 3*5=15 次循环。而每执行一次内循环 n 就加 1,所以最后 n 的值为 15。

32.D。【解析】VBA 程序流程控制的方式有顺序控制、选择控制和循环控制 3 种,也对应结构化程序设计的 3 种基本控制结构。

33.D。【解析】本题主要在于判断 Int(num/2)=num/2 的条件。对于任意一个整数来说,若其除 2 后为整数,则条件成立,说明该数是偶数,反之若其除 2 后不为整数,此时 Int(num/2)不等于 num/2,所以说该数是奇数。本题的功能是对输入的数据分别统计奇偶数的个数。

34.A。【解析】在 VBA 中,如果没有显示声明或定义变量的数据类型,则变量的默认数据类型为 Variant 型。

35.D。【解析】在 VBA 中包含 3 种取子串函数,①Left()函数表示在字符串左端开始取 n 个字符;②Right()函数表示在字符串右端开始取 n 个字符,并且子串中字符的顺序与母串相同;③Mid()函数表示在任意位置取任意长度的子串。本题中每次循环都会为 z 赋一个新值 Right(s,i),所以在最后一次循环中 z 才有意义,最后当 i=2 时,选项 D 正确。

二、填空题

1.31【解析】设队列容量为 m,如果:rear>front,则队中元素个数为 rear-front;如果 rear<front,则队列中元素个数为 m+(rear-front)。本题 rear<front,则 m=32+(2-3)=31。

2.32【解析】根据二叉树性质二叉树第 k 层上,最多有 2^{k-1}(k≥1)个结点。

3.软件开发【解析】软件生命周期分为 3 个时期共 8 个阶段:软件定义期(问题定义、可行性研究和需求分析)、软件开发期(系统设计、详细设计、编码和测试)、软件维护期(即运行维护阶段)。

4.关系模型【解析】数据库管理系统是位于用户与操作系统之间的一层系统管理软件,是一种系统软件,常见的数据模型有层次模型、网状模型和关系模型。

5.对象【解析】将操作相似的对象归为类,也就是说,类是具有共同属性,共同方法的对象的集合。

6.列标题【解析】交叉表查询就是将来源于某个表中的字段进行分组,一组列在数据表的左侧,一组列在数据表的上部,然后在数据表行与列的交叉处显示表中某个字段的各种计算值。在创建交叉表查询时,用户需要指定 3 种字段,分别是数据表左侧的行标题;数据表上部的列标题;数据行与列交叉处要显示的字段。

7.SQL【解析】Access 中,控件的类型分为结合型、非结合型和计算型。结合型文本框通常连接到表、查询或者 SQL;非结合型不连接数据，通常用来显示信息或者接受用户输入的数据；计算型文本框一般用来显示表达式的结果。

8.510【解析】本题考查运算符的使用。"＋"运算符可以用于计算机两个数之和，也可以使用"＋"运算符连接两个字符串，"＋"运算符两端的表达式的基本类型决定了"＋"运算符所做的操作，如果两个表达式都是数值或者一个表达式是数值，另一个表达式是字符串，则"＋"代表相加；如果两个表达式都是字符串则"＋"代表字符串，所以"＋"运算符连接的是字符串"5"和字符串"10"，所以本题答案为510。

9.Choose【解析】本题考查选择函数的知识。VBA提供了3个选择操作函数：它们是IIf、Switch和Choose。

10.纵栏式窗体【解析】Access目前共有纵栏式窗体、表格式窗体、数据表窗体、主/子窗体、图表窗体、数据透视表窗体等6种。其中纵栏式窗体将窗体中的一个显示记录按列分隔，每列的左边显示字段名，右边显示字段内容。

11.i Mod 3＝0 And i Mod 5＝0 And i Mod 7＝0【解析】本题的功能就是判断i能同时被3、5和7整除。所以三个判断的表达式之间应该是"与"的关系，最终结果为i Mod 3＝0 And i Mod 5＝0 And i Mod 7＝0。

12.3【解析】在VBA的过程调用时，参数有两种传递方式：传址传递和传值传递。如果在过程声明时形参用ByVal声明，说明此参数为传值调用；若用ByRef声明，说明此参数为传址调用；没有说明传递类型，则默认为传址传递。本题中在定义子过程f的时候用ByVal声明了形参x，说明为传值调用，此时对x的任何更改不会影响调用它的实参i，所以执行完Call(f)语句后i的值为3不变。当然也不满足If条件，所以本题结果为3。

13.12【解析】本题考查VBA中循环的基本问题。首先看条件判断在循环体之前还是之后。如果先判断条件，则有可能一次也不执行循环体；如果是后判断条件，则无论条件如何至少执行一次循环体。在Until循环中条件为假时执行循环体，条件为真时退出循环；在While循环中条件为假时退出循环，条件为真时执行循环体。本题是一个后判断条件的While循环，在循环中首先利用整除10去掉a的最后一位，然后判断当前的a的个位数上的值是否满足循环条件，直至a＝12时，由于个位数为2不满足继续循环的条件，从而退出循环。

14.True　i+1【解析】在窗体属性中有一个计时器时间间隔属性，该属性默认以0表示计时器未启用。一旦将其设置为非0值，将会启用计时器，每隔指定的时间间隔自动执行计时器事件。窗体的计时器事件的过程名为Form_Timer()，该事件在本题中用于完成20秒倒计时功能，由于TimerInterval属性值为1000，所以Form_Timer()事件每1000毫秒（即每秒）被自动执行一次。在此事件中，计时器工作的条件是"flag＝True"且"i＜20"，所以flag标记应初始化为true，故第一空应为True。变量i用于记录用户打开登录操作窗体后已经进行的时间，所以在每隔一秒后i的值应该加1，故本题第二空应填"i+1"。

 ## 第3套　笔试考试试题答案与解析

一、选择题

1.A。【解析】线性表的存储通常分为两种存储结构：顺序存储结构和链式存储结构。

2.D。【解析】程序不光是编写完就结束了，为了测试和维护程序，往往还有其他人阅读和跟踪程序，因此程序设计的风格应该强调简单和清晰，即程序的易读性，"清晰第一，效率第二"。

3.D。【解析】类(class)描述的是具有相似属性与操作的一组对象，类是具体对象的实例。

4.D。【解析】所谓二叉树的前序遍历是指：先访问根结点，再访问左子树，最后访问右子树，中序DYEBEAFCZX，后序YDEBFZXCA，前序ABDYECFXZ。

5.A。【解析】C语言是函数式的语言。它的基本组成单位是函数，在C语言中任何程序都是由一个或者多个函数组成的。

6.D。【解析】算法分析是指对一个算法的运行时间和占用空间做定量的分析，计算相应的数量级，用时间复杂度和空间复杂度表示。分析算法的目的就是要降低算法的时间复杂度和空间复杂度，提高算法的执行效率。

7.C。【解析】数据的存储结构有顺序存储结构和链式存储结构两种。不同存储结构的数据处理效率不同。由于链表采用链式存储结构，元素的物理顺序并不连续，对于插入和删除无需移动元素，很方便，当查找元素时就需要逐个元素查找，因此查找的时间相对更长。

8.D。【解析】数据独立性是数据库系统的一个最重要的目标之一，它使数据能独立于应用程序。数据独立性包括数据的物理独立性和数据的逻辑独立性。物理独立性是指用户的应用程序与存储在磁盘上的数据库中数据是相互独立的。即数据在磁盘上怎样存储由DBMS管理，用户程序不需要了解，应用程序要处理的只是数据的逻辑结构，这样当数据的物理存储改变了,应用程序不用改变。逻辑独立性是指用户的应用程序与数据库的逻辑结构是相互独立的,即当数据的逻辑结构改变时,用户程序也可以不变。

9.C。【解析】软件工程是指将工程化的思想应用于软件的开发、应用和维护的过程,包括软件开发技术和软件工程管理。

10.A。【解析】关系的并运算是指由结构相同的两个关系合并,形成一个新的关系,其中包含两个关系中的所有元组。

11.B。【解析】在文本型的字段中可以由用户指定长度,要注意在 Access 中一个汉字和一个英文字符长度都占 1 位。

12.B。【解析】Access 数据库的主要特点包括处理多种数据类型;包括多媒体数据与 Internet/Intranet 的集成;具有较好的集成开发功能,可以采用 VBA 编写数据库应用程序等。而从数据模型的角度看来,Access 属于关系数据模型而不是网状数据模型。

13.A。【解析】本题考查关系运算符的操作。关系运算可分为两大类:一类是传统的集合运算,如并(∪)、交(∩)、差(一)和笛卡儿积;另一类是专门的关系运算,其中包括选择、投影、连接和自然连接。选择运算是在关系中选择满足给定条件的元组;投影运算是在关系模式中挑选若干属性组成新的关系;连接运算是将两个关系拼接成一个新的关系,生成的新关系中包含满足条件的元组;自然连接是在等值连接的基础上去除重复的属性。

14.A。【解析】关系运算可分为两大类:一类是传统的集合运算,如并(∪)、交(∩)、差(一)和笛卡儿积;另一类是专门的关系运算,其中包括选择、投影、连接和自然连接。

15.D。【解析】绑定对象框用于在窗体或报表上显示 OLE 对象,例如一系列的图片。而图像框是用于窗体中显示静态图片;非绑定对象框则用于在窗体中显示非结合 OLE 对象,例如电子表格。在 Access 数据库中不存在图片框控件。

16.B。【解析】本题考查关系数据库中实体之间的联系。实体之间的联系有 3 种:一对一、一对多和多对多。每位教师只对应一个职称,而一个职称可以有多位教师,从而看出本题应为一对多的联系。

17.A。【解析】SQL 语言的功能包含数据定义、数据查询、数据操纵和数据控制。数据定义的功能是实现表、索引、视图的定义、修改和删除。CREATE TABLE 语句是创建一个表,CREATE INDEX 语句是创建一个索引;ALTER TABLE 语句是修改一个表的结构;DROP 语句是删除一个表的结构或从字段或字段组中删除索引。

18.B。【解析】本题考查字段的输入掩码的知识。输入掩码中的字符"9"可以选择输入数字或空格;"L"表示必须输入字母 A~Z;"#"表示可以选择输入数据和空格,在编辑模式下空格以空白显示,但是保存数据时将空白删除,允许输入"+"或"一";"C"表示可以选择输入任何数据和空格。

19.B。【解析】在 Access 中,日期型常量要求用"#"括起来;表示区间的关键字用 Between…And…。

20.D。【解析】在 Access 数据库中,字符型常量要用双引号括起来;用来表示集合的方法是用括号括起集合的所有元素,这些元素之间用逗号隔开;另外,表示在某个集合内的关键字用 in,表示不在某个集合内的关键字用 not in。

21.C。【解析】在表中的每个字段都可以设置一些字段属性,其中的"格式"属性用来决定数据的打印方式和屏幕显示方式,而"输入掩码"属性则用于控制输入格式或检查输入中的错误,虽然对于大多数数据类型都可以设计输入掩码,但是只有文本型和日期时间型字段才可以使用"输入掩码向导","有效性规则"属性用于限制此字段输入值的表达式,和输入掩码的作用也不一样。

22.D。【解析】窗体控件中,Visible 属性是用于指定控件是否可见,Enable 属性用于指定控件是否可用。Caption 属性表示控件的标题,Name 属性表示控件的名称。

23.A。【解析】本题考查窗体的基本用法。窗体能响应的事件不多,当窗体刚刚被打开时,首选触发 Load 事件,其次继续触发 Open 事件,再次是 Activate 事件,最后窗体在关闭时触发 Unload 事件。

24.A。【解析】对象具有三要素,分别是属性、事件和方法。属性是对象的静态特性,用来描述对象的静态特征;事件是可以被对象识别或接受的动作;方法是对象可以执行的活动。

25.D。【解析】本题考查的是数据访问页。数据访问页是用户通过因特网进行数据交互的数据库对象,可以用来发布数据库中任何保存的数据。

26.B。【解析】RunSQL 用于执行指定的 SQL 语句。RunApp 用于执行指定的外部应用程序。Requery 用于刷新控件数据。Restore 用于将最大化或最小化窗口恢复至原始大小。

27.D。【解析】有关导入导出数据的命令主要有:①TransferDatabase 用于从其他数据库导入和导出数据;②TransferText 用于从文本文件导入和导出数据。

28.C。【解析】在 VBA 中的运算符都有优先级,最基本的就是算术运算符>连接运算符>关系运算符>逻辑运算符,在各个种类的运算符中还有不同的优先级,例如在算术运算中乘方的优先级高于乘法和除法运算,同优先级的运算由左至右顺序执行。

29.C。【解析】变量名可以由字母、数字和下画线组成,但不能包含空格和任何除了下画线以外的标点符号。变量名不能使用VBA中的关键字。

30.D。【解析】本题中,窗体开始运行时首先会触发Load事件,将窗体的标题设置为"举例",命令按钮的标题设置为"移动";单击命令按钮时将标签的标题设置为"标签"。

31.B。【解析】本题考查控制结构的基本用法。本题的4个选项中,A为单分支选择结构;B为循环结构;C为双分支选择结构;D为多分支选择结构。

32.D。【解析】本题考查字符串函数的基本使用。在VBA中,Str函数用于将数字转换成字符串,当数字转换为字符串时,总会预留一个空格给前面的正负号。如果参数是正数,回传的字符串会有一个前置空格。先将3.14转换成字符串"3.14"然后接6个空格,最后用Len函数来求长度。输出结果为11。

33.A。【解析】在If…Then…Else If…语句中,当一个条件满足时,将会执行Then后面的语句,然后退出条件分支。本题中,a=75满足第一个条件"a>60",将执行Then后面的语句,将1赋给变量g,结束条件判断。最后将g的值1输出到MsgBox,所以MsgBox输出的结果为1。

34.B。【解析】在VBA中,数据库访问接口有3种:开放数据库互联(ODBC)、数据访问对象(DAO)和Active数据对象(ADO)。其中ADO对象模型主要包括:Connection、Command、RecordSET、Field和Error共5类。

35.B。【解析】在本题中,定义了一个全局变量x,在命令按钮的单击事件中对这个x赋值为10,然后依次调用s1和s2;在s1中对x自加了20;在s2中用Dim定义了一个局部变量x,按照局部覆盖全局的原则,s2中的操作都是基于局部变量x而不是全局变量x。所以本题输出结果为30。

二、填空题

1.加工【解析】数据流图是从数据传递和加工的角度,其中的每一个加工对应一个处理模块。

2.顺序存储(顺序方式存储)【解析】二分法查找对表的要求是有序顺序表,即第一是数据元素有序,第二是按顺序方式存储。

3.数据库管理系统【解析】数据库管理系统(DBMS)是数据库的管理机构,负责数据库中的数据组织、数据操纵、数据维护、控制及保护和数据服务等。

4.冒泡排序【解析】在计算机程序设计中常见的排序方法有:插入排序、选择排序、冒泡排序。

5.逻辑数据模型【解析】数据模型按不同层次分成概念数据模型、逻辑数据模型和物理数据模型3类。

6.删除【解析】删除查询可以在表中删除若干记录;生成表查询可以利用表中的现有数据建立一个新表;追加查询可以把现有的表中的数据追加到另一个表的尾部。

7.分页符【解析】在报表中可以在某一节内分页符来标志要另起一页的位置。

8.属性【解析】在关系数据库中关系是一个二维表,每一行称为一个元组或记录,每一列称为一个属性。

9.Quick BASIC PROGRAMMING【解析】在VBA中有很多字符串函数,其中的mid函数可以实现在任何位置取任何长度;Right函数用于在字符串右端开始取n个字符;Ucase函数强制把字符转换成大写字母。本题中,第一部分b的值为"Quick",第二部分从字符串a的第7个字符开始取6个字符并且转换成大写,所以输出BASIC;最后是从字符串a的右边取12个字符转换成大写后输出PROGRAMMING。所以最后的输出结果是"Quick BASIC PROGRAMMING"。

10.Else　　Val(Me! T3)　　Close【解析】本题首先满足If分支的条件,也就是如果有文本框内容为空则会弹出MsgBox提示信息,若条件不满足也就是说3个文本框中都有值时应该计算3个文本框之和,所以第一个空填Else。要计算3个文本框之和,也就是把3个文本框中的内容转换成数值后相加,所以第二空处应填Val(Me! T3)。最后的代码作用是退出窗体,其命令应为:Docmd. Close。所以第三空应为Close。

11.fun(n)−fun(r)　　t=1【解析】函数定义的内部和函数调用的方式上可以看出,函数fun求的是阶乘。所以存放变量乘积的变量t要赋初值为1,再按公式调用就可以了。

12.15【解析】由于在VBA中默认情况下,参数是按地址传递(ByRef),对形参的改变会影响到实参。本题中z的值等于a+b,这个z值会返回给实参c,所以文本框显示的内容为15。

第4套　笔试考试试题答案与解析

一、选择题

1. D。【解析】良好的程序设计风格有:源程序文档化、数据说明、语句的构造、模块间耦合能清晰可见,所以答案选择 D。

2. A。【解析】软件设计是软件开发阶段最重要的环节,常分为概要设计和详细设计两步。概要设计是将软件需求转化为软件体系结构,确定系统级接口、全局数据结构或数据库模式;详细设计是指确立每个模块的实现算法和局部数据结构,用适应方法表示算法和数据结构的细节。

3. C。【解析】软件开发包括概要设计、详细设计、实现和测试 4 个阶段。软件维护不属于软件开发阶段,而属于软件运行维护阶段。

4. B。【解析】外模式也称用户模式,是用户的数据视图,也是用户所见到的数据模式。

5. D。【解析】数据库应用系统的开发常分解成目标独立的 4 个阶段,即需求分析阶段、概念设计阶段、逻辑设计阶段、物理设计阶段。

6. C。【解析】笛卡儿积可以用来表示两个关系的合并操作。由题中条件可知,关系 T 是由关系 R 与关系 S 进行笛卡儿积运算所得。

7. D。【解析】算法的复杂度主要包括时间复杂度和空间复杂度。算法的时间复杂度是指执行算法所需要的基本运算次数;算法的空间复杂度是指执行这个算法所需要的内存空间。由定义可知,算法的时间复杂度与空间复杂度并不相关。

8. B。【解析】顺序查找的基本方法是:从线性表的第一个元素开始,依次将线性表中的元素与被查找的元素进行比较,若相等则表示查找成功,若线性表中所有元素都与被查元素进行了比较但都不相等,则表示查找失败。最优情况下,线性表中的第一个元素就是要查找的元素,则只需要做一次比较就查找成功;而最坏情况下,要查找的元素是线性表中的最后一个元素,或者要查找元素不在线性表中,则需要与线性表中所有元素进行比较,比较次数为线性表的长度。

9. B。【解析】数据库的根本目标是解决数据的共享问题,它集中了各种应用的数据,统一存储,使它们能被不同的应用程序所使用。

10. A。【解析】中序遍历是指在遍历过程中,首先遍历左子树,然后访问根结点,最后遍历右子树。在遍历左、右子树时,仍然按照这样的顺序遍历。根据题中条件可知本题结果是 ACBDFEG。

11. A。【解析】在关系数据库中,表与表的关系有一对一、一对多、多对多。本题中,A 选项是多对多关系,B、C 选项是一对一关系,D 选项是一对多关系。

12. B。【解析】投影运算是在关系模式中挑选若干属性组成新的关系。

13. A。【解析】SQL(Structured Query Language)是结构化查询语言,包含数据定义、数据操纵、数据查询和数据控制。

14. C。【解析】一个表一般只包含一个主题信息,故 A 选项错误。在表的数据表视图中,用户可以浏览、查找、添加、删除和修改记录,故 B 选项错误;表的设计视图一般用来创建或者修改表的结构,故 C 选项正确;在数据表视图中可以双击字段名来修改字段名,故 D 选项错误。

15. D。【解析】在 SQL 语句中,WHERE 子句用于指定查询条件,选择满足条件的元组。

16. C。【解析】空值(NULL)用于描述数据库中可能会遇到的尚未存储数据的字段,表示缺值或不确定值,不同于空字符串和 0。

17. C。【解析】在使用表设计器定义表中的字段时,必须指定字段名、数据类型和字段属性,而不一定要指定说明。

18. A。【解析】在数据表视图中,要想显示符合指定条件的记录,需要使用“筛选”功能。

19. A。【解析】图中两个查询条件之间是“与”的关系;Year(工作时间)<1980,说明工作时间在 1980 年以前。综上所述 A 选项正确。

20. C。【解析】在查询设计视图的“准则”行中,通配符必须配合 Like 使用,它是无法单独使用的。

21. B。【解析】由题意可知,“职称”应该作为列标题,“系别”“性别”和“总人数”应该作为行标题。所以 B 选项正确。

22. A。【解析】报表页脚位于报表的结束位置,一般用来显示报表的汇总说明;页面页脚位于每页的结束位置,一般用来显示本页的汇总说明。根据上述分析,要在每页底部都输出信息,应该设置页面页脚。

23. A。【解析】Access 的窗体中的文本框主要用来输入或编辑数据,可以与字段数据绑定。所以选项 A 正确。

24. B。【解析】在关系数据库中,记录的顺序是不会影响结果和存储的,其前后顺序可以任意颠倒,不影响库中的数据关系。

25.D.【解析】Month 函数用于取得日期型数据的月份,结果是数值型数据;Str 函数用于将数字转换成字符串。

26.C.【解析】在宏的调试过程中,使用"单步"工具按钮可以让宏单步执行来观察执行效果。

27.B.【解析】由题可知,第二个宏和第三个宏的条件均为[tt]>1。由于 tt=1,所以第二个宏操作不执行,第三个宏操作也不执行,最后结果为显示消息"AA"。

28.D.【解析】在文本框中输入一个字符能触发的只有 tText 的 Change 事件,在给控件的属性赋值的时候,必须加上控件名,不可将其省略。

29.A.【解析】函数过程和子过程的根本区别是:函数过程最终会通过过程名返回一个函数值,而子过程不会。

30.D.【解析】MsgBox 函数的第一个参数必须是字符串或者数字,否则将会在消息框中显示"False"。

31.C.【解析】本题中,数组元素的值就是该元素的两个下标之积。所以最后的 3 个数组元素的和为 $2*5+3*4+4*5=42$。

32.D.【解析】Str 函数用于将数字转换成字符串,并会为数字前的正负号预留一个空格。"2.17"经 Str 函数转换成字符串"2.17",后面再连接 5 个空格,所以 Len 函数求得的长度为 10。

33.B.【解析】本题判断如果 75>60,则 i=1。如果 75>70,则 i=2。因为 75<80 且 75<90,所以消息框里输出的 i 值为 2。

34.D.【解析】Left 函数用于从字符串左端开始取 n 个字符;Right 函数用于从字符串右端开始取 n 个字符;Mid 函数可以在任何位置取任何长度的子串。本题中只有最后一次循环中的 z 值有意义。

35.B.【解析】在整个程序中定义了一个全局变量 x,在 s2 用 Dim 定义了一个局部变量 x,按照局部覆盖全局的原则,在 s2 中的操作都是基于局部变量 x 而不是全局变量 x。故最终的输出结果为 30。

二、填空题

1.3【解析】程序结构图的宽度是指软件系统结构图的整体控制跨度(最大值模块数的层)。由图可知,软件系统结构图的宽度为 3。

2.程序调试【解析】程序调试的任务是诊断和改正程序中的错误。

3.元组【解析】关系模型采用二维表来表示,二维表中的每行数据称为元组。

4.栈【解析】栈是一种限定只能在一端进行插入和删除操作的线性表,按照"先进后出"的原则存储数据。

5.线性结构【解析】队列是线性表,可以采用顺序存储结构或链式存储结构,所以带链的队列仍属于线性结构。

6.列表框或组合框【解析】列表框和组合框的数据来源可以是表或查询的字段,或者取自固定内容的数据。

7.OpenReport【解析】常用的宏命令及其用法见下表:

命　　令	含　　义
OpenQuery	打开查询
OpenReport	用于打开报表
OpenForm	用于打开表
OpenForm	用于打开窗体

8.默认值【解析】当在数据表视图下向表中输入数据时,未输入的数据都是该字段的默认值。

9.c1.Forecolor=128【解析】本题应该对 C1 的 forecolor 属性赋值,以改变命令按钮中的文字颜色。

10.删除【解析】删除查询可以删除表中的若干记录。

11.3【解析】本题中,b 为静态变量。第一次调用 b 值为 1,第二次调用 b 值为 2,第三次调用 b 值为 3。

12.Form_Timer()【解析】在窗体属性中有一个计时器时间间隔属性,一旦将其设置为非 0 值,将会启用计时器,每隔指定的时间间隔自动执行计时器事件。窗体的计时器事件的过程名为 Form_Timer()。

13.DBEngine【解析】DAO 中包含多个对象,其顶层对象是 DBEngine,下面包含错误对象子集、属性集和工作区集。

14.9【解析】本题中外循环总共会执行 3 次,内循环无论 m 取何值都是从 m-1 到 m+1 执行 3 次。所以内循环总共执行 $3×3=9$ 次。

15.36【解析】在循环中每次都给 b 赋予一个 23+k 的值,循环结束后 b=23+6=29,而循环结束时循环条件不满足,k 值为 7。所以 b+k=29+7=36。

第5套 笔试考试试题答案与解析

一、选择题

1.B。【解析】算法的时间复杂度是指执行算法所需要的计算工作量,以算法所执行的基本运算的次数来度量;算法的空间复杂度一般是指执行算法所需要的内存空间。因此B选项正确。算法的时间复杂度与空间复杂度并不相关。故D选项错误。数据的逻辑结构是指数据元素之间的逻辑关系,是独立于计算机的;数据的存储结构是研究数据元素和数据元素之间的关系如何在计算机中表示,二者不是一一对应的,所以C选项错误。算法的执行效率不仅与问题的规模有关,还与数据的存储结构有关,故A选项错误。综上所述,本题选B。

2.D。【解析】在结构化程序设计中,模块划分应遵循高内聚、低耦合的原则。其中,内聚性是对一个模块内部各个元素间彼此结合的紧密程度的度量,耦合性是对模块间互相连接的紧密程度的度量。

3.A。【解析】软件测试是为了发现错误。为了达到好的测试效果,应该由独立的第三方来进行软件测试,尽量避免程序员检查自己的程序。

4.C。【解析】面向对象程序设计的3个主要特征是封装性、继承性和多态性。

5.D。【解析】队列是指允许在一端进行插入、而在另一端进行删除的线性表,是一类"先进先出"或"后进后出"的线性表。其中,允许插入的一端称为队尾,允许删除的一端称为队头。

6.C。【解析】二叉树前序遍历是指在遍历过程中,首先访问根结点,然后遍历左子树,最后遍历右子树。在遍历左、右子树时,仍然按照这样的顺序遍历。根据题中条件可知前序遍历的结果是ABDYECFXZ。

7.A。【解析】在任意一棵二叉树中,设度为0的结点(即叶子结点)数为n0,度为2的结点数为n2,则有n0=n2+1。所以该二叉树的叶子结点数等于n+1。

8.B。【解析】关系R与S经交运算后所得到的关系由那些既在R内又在S内的有序组所组成,记为R∩S。所以交操作不改变关系表中的属性个数,但能减少元组个数。

9.C。【解析】E-R图的三个要素及其表示方法如下:实体(型),用矩形框表示;属性,用椭圆形来表示;实体间的联系,用菱形框表示。

10.A。【解析】在数据库系统中,物理独立性是指数据的物理结构(包括存储结构、存取方式等)的改变不影响数据库的逻辑结构,从而不会引起应用程序的变化。

11.A。【解析】在关系中唯一标识元组的属性或属性集称为候选码或候选关键字,简称为码或关键字。

12.B。【解析】一个人只能有一个出生地,一个地点可以出生多个人,故实体"人"与实体"出生地"之间为一对多联系。

13.D。【解析】Access是一个基于关系模型的数据库管理系统,不是基于网状模型的。

14.A。【解析】选择运算是在关系中选择满足指定条件的元组。

15.A。【解析】输入掩码中的字符及其含义见下表:

字　符	含　　义
"0"	代表必须输入0~9中的一个数字
"9"	代表可以选择输入数字或空格
"#"	代表可以选择输入数据和空格,在编辑模式下空格以空白显示,但是保存数据时将空白删除,允许输入加号或减号
"L"	代表必须输入字母(A~z)
"C"	代表可以选择输入任何数据和空格

16.D。【解析】Access的表中字段的数据类型及其含义如下表所示:

数据类型	含　　义
文本型	用来存储字符型数据
超级链接型	以文本形式存储超级链接地址
备注型	用来存储长文本和数字
OLE对象型	用来存放多媒体对象

17.A。【解析】在关系数据库中实体完整性要求主属性不能为空,参照完整性指的是两个逻辑上有关系的表必须使得表里面的数据满足它们的关系。根据题意本题选择参照完整性。

18.C。【解析】本题中,在"所在单位"的"总计"行中选择分组语句Group By,在"应发工资"的"总计"行中选择汇总命令"Sum"。

19.A。【解析】所谓交叉表查询,就是将来源于某个表中的字段进行分组,一组列在数据表的左侧,一组列在数据表的上部,然后在数据表行与列的交叉处显示表中某个字段的各种计算值。故列标题显示在第一行。

20.B。【解析】本题SQL语句表示按性别分组计算并显示性别和入学成绩的平均值,其中用到Group by分组子句和AVG()求平均值函数。

21.D。【解析】窗口事件有Open(打开)、Close(关闭)、Load(加载)、Unload(卸载)和Resize(改变大小),没有取消事件。

22.B。【解析】列表框和组合框的数据来源可以是表或查询的字段,或者取自固定内容的数据。

23.D。【解析】Access中常见的通配符及其含义见下表:

通配符	含　义
"＊"	代表0个或多个任意字符
"?"	代表一个任意字符
"＃"	代表一个任意数字字符
"[]"	代表与[]内任意一个字符匹配
"!"	代表与任意一个不在方括号内的字符匹配,必须与[]一起使用

24.B。【解析】A选项中图像框不能被绑定;B选项中绑定对象框的来源可以是OLE对象字段;C选项中未绑定对象框可以显示Excel工作表、Word文档等没有与数据库连接的对象;D选项中列表框的控件来源可以是表或查询的字段,或者取自固定内容的数据。

25.B。【解析】报表页脚处于报表的结束位置,用来显示报表的汇总说明;页面页脚处于每页的结束位置,用来显示本页的汇总说明。

26.B。【解析】数据访问页可以认为是一个网页,即HTML文件。

27.D。【解析】若想在数据库打开时不自动运行宏,需要在打开数据库时按住<Shift>键。

28.A。【解析】Rnd是一个随机数函数,其返回值是(0,1)内的数。Int(100＊Rnd)对100＊Rnd的结果取整,得到的是[0,99]内的随机整数。

29.B。【解析】InputBox函数用于在屏幕上显示一个输入框,返回值为用户输入的值,其类型是字符串。

30.C。【解析】本题考查宏操作的知识。宏操作SetValue的第一个参数是要设置值的对象名称,第二个参数是要设置值的表达式。本题的操作是把Text0的值赋给Label0。

31.A。【解析】本题中执行k=1后退出分支结构,最终k=1。

32.C。【解析】本题中,共循环三次。第一次循环i=1,执行Case语句中的a=a+1;第二次循环i=2,执行Case语句中的a=a+2;第三次循环i=3,执行Case语句中的a=a+1。最后a为1+1+2+1=5。

33.C。【解析】第一次循环时,i=1,n=0,x=0/1;第二次循环时,i=2,n=1,x=1/2;第三次循环时,i=3,n=2,x=2/3……依次类推,循环5次后累加的表达式是0/1+1/2+2/3+3/4+4/5。

34.C。【解析】当Case语句使用Is关键字时不能再加入逻辑运算符。

35.D。【解析】在VBA中,要想引用记录变量中的成员,必须使用"."运算符,其格式为:变量名.成员名。当某个成员是数组的时候,对数组元素的访问要采用"数组名(下标)"的形式。

二、填空题

1.63【解析】一棵深度为7的满二叉树,其结点个数为$2^7-1=127$,又因为在任意一棵二叉树中,设度为0的结点(即叶子结点)数为n0,度为2的结点数为n2,则有n0=n2+1,所以总结点数n0+n2=2n2+1=127,所以度为2的结点个数等于63。

2.黑箱(盒)测试【解析】黑箱测试方法主要有等价类划分法、边界值分析法、错误推测法和因果图等。

3.数据库管理系统【解析】数据库管理系统是一种系统软件,负责数据库中的数据组织、数据操纵、数据维护、控制及保护和数据服务等。数据库管理系统是数据库系统的核心。

4.开发阶段【解析】软件生命周期分为软件定义、软件开发和软件运行维护3个阶段。其中,开发阶段包括概要设计、详细设计、实现、测试4个活动阶段。

5. 数据字典【解析】数据字典用来对 DFD 中出现的被命名的图形元素进行确切解释。

6. 外部关键字【解析】在关系数据库中，表之间的关系是通过外部关键字来实现的，如果表中一个字段不是本表的主关键字，而是另外一个表的主键字或候选关键字，则称该关键字是该表的外部关键字，简称外键。

7. Order By【解析】在 SQL 语句中，Group By 用来分组，Order By 用来排序。

8. 相等【解析】报表记录按照分组字段值是否相同来分组。

9. 条件操作宏【解析】在数据处理过程中，如果希望只有当满足指定条件才执行宏的一个或多个操作时，就要使用条件宏。

10. DoCmd. Quit【解析】在 VBA 中，调用 DoCmd 对象的 Quit 方法可以退出 Access 应用程序。

11. LEN()【解析】LEN()函数的参数为一个字符串，返回值表示字符串的长度，其类型为数值型。

12. 21 is Odd nunber【解析】本题中输入的 21 是奇数，所以函数 f 的返回值为 False，函数 IIf 的返回值为"Odd number"，最终结果为 21 is Odd number。

13. 19【解析】在 VBA 中，要想引用记录变量中的成员必须使用"."运算符，其格式为：变量名. 成员名。在 With 和 End With 之间，引用时可以直接使用". 成员名"而不写变量名。

14. EOF strSQL【解析】判断一个记录集中的内容是否为空可以检测记录集对象的 EOF 属性，所以第一个空白处应填 EOF。Else 子句的功能是向 stud 表添加一条记录，通过调用连接对象的 Execute 方法可以调用 SQL 语句，在本题中的字符串 strSQL 就是准备好的这样一条完成插入功能的 SQL 语句。

 第6套　笔试考试试题答案与解析

一、选择题

1. D。【解析】计算机系统由硬件和软件两部分组成。其中，计算机软件包括程序、数据与相关文档的完整集合。

2. B。【解析】软件调试的任务是诊断和改正程序中的错误。

3. C。【解析】对象的封装性是指从外部看只能看到对象的外部特征，即只需知道数据的取值范围和可以对该数据施加的操作，而不需要知道数据的具体结构以及实现操作的算法。

4. A。【解析】一般来讲，程序设计风格首先应该简单和清晰，其次程序必须是可以理解的，可以概括为"清晰第一，效率第二"。

5. A。【解析】数据的存储结构、程序处理的数据量、程序的算法等都会影响程序执行效率。

6. D。【解析】数据的逻辑结构是指反映数据元素之间逻辑关系的数据结构。数据的存储结构（也称数据的物理结构）是指数据的逻辑结构在计算机存储空间中的存放形式。通常一种数据的逻辑结构根据需要可以表示成多种存储结构。

7. C。【解析】对 n 个结点的线性表采用冒泡排序，在最坏情况下，需要经过 n/2 次的从前往后的扫描和 n/2 次的从后往前的扫描，需要的比较次数为 n(n−1)/2。

8. A。【解析】在任意一棵二叉树中，设度为 0 的结点（即叶子结点）数为 n0，度为 2 的结点数为 n2，则有 n0＝n2＋1，本题中叶子结点的个数为 70，所以度为 2 的结点个数为 69，故总结点数＝叶子结点数＋度为 1 的结点数＋度为 2 的结点数＝70＋80＋69＝219。

9. B。【解析】数据库、数据库管理系统、数据库管理员、硬件平台、软件平台这 5 部分共同构成了一个以数据库为核心的完整的运行实体，称为数据库系统。数据库技术的根本目的是要解决数据的共享问题。数据库管理系统是一种系统软件，负责数据库中的数据组织、数据操作、数据维护、控制及保护和数据服务等，是数据库系统的核心，它是数据库系统的一部分，二者不能等同。

10. A。【解析】元组分量的原子性要求二维表中元组的分量是不可分割的基本数据项。关系的框架称为关系模式。一个称为关系的二维表必须同时满足关系的 7 个性质。

11. D。【解析】常见的数据模型有层次模型、网状模型和关系模型，其中最常用的是关系模型。在关系数据库中，用二维表来实现逻辑层次中的关系。

12. B。【解析】本题中，一个工资只能属于一个工资级别，一个工资级别却可以有多个工资值，故职工的"工资级别"与职工个人"工资"的联系为一对多联系。

13. A。【解析】主关键字是一个或者多个字段的集合，在一个表中主关键字不能取重复值。本题中每本书只有"书号"互不相同，因此"书号"是主关键字。

14. D。【解析】Access 中有表、查询、窗体、报表、数据访问页、宏和模块 7 种对象。

15．D。【解析】在表的设计视图中不能对数据记录进行增加、删除和修改。

16．D。【解析】参照完整性指的是两个逻辑上有关系的表，其表里面的数据必须满足它们的关系。

17．C。【解析】本题考查操作查询的知识。操作查询共有追加查询、删除查询、更新查询和生成表查询4种类型。本题中要求将A表中的记录追加到B表中原有记录的后面，属于追加查询的例子。

18．C。【解析】在Access中，查询的数据源可以是表、视图或另一个查询，但不能为报表。

19．B。【解析】本题中使用关键词"Like"对包含"信息"的记录进行模糊查询，"信息"前后的"＊"表示要查找的是"信息"前面或后面有多个或0个字符的数据。

20．C。【解析】Access中常见的通配符及其含义见下表：

通配符	含　　义
"＊"	代表0个或多个任意字符
"？"	代表一个任意字符
"＃"	代表一个任意数字字符
"[]"	代表与[]内任意一个字符匹配
"！"	代表与任意一个不在方括号内的字符匹配,必须与[]一起使用

21．A。【解析】在查询设计视图中，条件写在同一行，意味着条件之间是"与"的关系；在不同行意味着条件之间是"或"的关系。本题中的条件表示身高在160cm以上的女性和所有的男性。

22．A。【解析】本题考查窗体控件的知识。Access的窗体中文本框主要用来输入或编辑数据，可以与字段数据相绑定。所以选择A选项。

23．B。【解析】报表页脚处于报表的结束位置，一般用来显示报表的汇总说明；页面页脚处于每页的结束位置，一般用来显示本页的汇总说明。

24．D。【解析】报表本身并不存储数据，必须从外部获得数据源。表、查询或者Select语句都可以作为数据源。

25．A。【解析】报表的控件来源必须以"＝"开头，其后可以跟用"[]"括起来的有关字段的表达式。

26．C。【解析】数据访问页是用户通过Internet进行数据交互的数据库对象，可以用来发布数据库中保存的数据。

27．B。【解析】Access中常用的打开操作宏命令及其功能见下表：

命　令	含　　义
OpenForm	用于打开窗体
OpenQuery	用于打开查询
OpenTable	用于打开一个表
OpenModule	用于打开VB中的模块

28．A。【解析】宏操作SetValue可以为控件、字段或者属性设置值。

29．D。【解析】VBA中的函数在定义时可以使用As指定函数返回值的类型，若没有指定类型则默认为变体型。

30．B。【解析】本题考查VBA中参数传递的知识。在VBA的过程调用时，若用ByRef声明，说明此参数为传址调用。

31．B。【解析】VBA中的数据库访问接口有开放数据库互连（ODBC）、数据访问对象（DAO）和Active数据对象（ADO）。

32．D。【解析】本题中，窗体开始运行时执行Load事件，窗体的标题变为"举例"，命令按钮的标题变为"移动"；单击命令按钮时会将标签的标题变为"标签"。

33．C。【解析】声明String类型变量时加上长度说明，则为定长字符串。定长字符串的长度为初始声明时指定的长度，所以选择C选项。

34．B。【解析】A选项是一个单分支选择结构；B选项是一个循环结构；C选项是一个双分支选择结构；D选项是一个多分支选择结构。

35．A。【解析】本题中，外循环的执行次数为4，内循环的执行次数也为4，输出结果一个4＊4的"＊"矩阵。

二、填空题

1．无歧义性【解析】软件需求规格说明书是需求分析阶段的最后成果，其最重要的特性是无歧义性，即需要规格说明书应该是精确的、无二义的。

2. 白盒【解析】白盒测试的基本原则是:保证所测模块中每一个独立路径至少执行一次;保证所测模块所有判断的每一个分支至少执行一次;保证所测模块每一条循环都在边界条件和一般条件下至少各执行一次;验证所有内部数据结构的有效性。

3. 顺序【解析】所谓循环队列,就是将队列存储空间的最后一个位置绕到第一个位置,形成逻辑上的环状空间,供队列循环使用。它通常采用顺序存储结构。

4. ACBDFEHGP【解析】中序遍历是指在遍历过程中,首先遍历左子树,然后访问根结点,最后遍历右子树。在遍历左、右子树时,仍然按照这样的顺序遍历。

5. 实体【解析】在 E-R 图中,矩形表示实体,椭圆形表示属性,菱形表示联系。

6. 投影【解析】投影运算是在关系模式中挑选若干属性组成新的关系。

7. MDB【解析】Access 所建立数据库文件的默认扩展名是 MDB。

8. L【解析】输入掩码中的字符及其含义见下表:

字　符	含　义
"0"	代表必须输入 0~9 中的一个数字
"9"	代表可以选择输入数字或空格
"#"	代表可以选择输入数据和空格,在编辑模式下空格以空白显示,但是保存数据时将空白删除,允许输入加号或减号
"L"	代表必须输入字母(A~z)
"C"	代表可以选择输入任何数据和空格

9. 节【解析】窗体中可以使用窗体页眉、窗体页脚、页面页眉、页面页脚和主体 5 种节。

10. RunSQL【解析】Access 中的 RunSQL 宏操作命令可以调用 SQL 语句。

11. Double【解析】双精度类型的标识是 Double。

12. 16【解析】本题中循环执行 4 次,每次加 2i+1,即程序依次累加 1、3、5、7,最后结果为 16。

13. 及格【解析】本题中输入是 85,满足第一个分支条件,执行 result="及格"后退出分支结构,输出"及格"。

14. True i+1【解析】当窗体刚刚运行时,应该允许倒计时,而当 flag 为 True 的时候才会倒计时,所以第一个空白处应填"True";在计时器事件中,i<20 时,标签的标题应该显示倒计时的秒数,此时 i 的值每次应该自动增加 1,所以第二个空白处应填"i+1"。

第7套　笔试考试试题答案与解析

一、选择题

1. C。【解析】程序流程图中,带箭头的线段表示控制流,矩形表示加工步骤,菱形表示逻辑条件。

2. A。【解析】结构化程序设计方法的主要原则可以概括为:自顶向下,逐步求精,模块化和限制使用 GOTO 语句。

3. B。【解析】在结构化程序设计中,模块划分应遵循高内聚、低耦合的原则。其中,内聚性是对一个模块内部各个元素间彼此结合的紧密程度的度量,耦合性是对模块间互相连接的紧密程度的度量。

4. B。【解析】需求分析的最终结果是生成软件需要规格说明书。

5. A。【解析】算法的有穷性是指算法必须能在有限的时间内做完,即算法必须能在执行有限个步骤之后终止。

6. D。【解析】各种排序方法中最坏情况下需要比较的次数见下表:

排序方法	最坏比较次数
冒泡排序	n(n-1)/2
快速排序	n(n-1)/2
简单插入排序	n(n-1)/2
希尔排序	$O(n^{1.5})$
简单选择排序	n(n-1)/2
堆排序	$O(n\log_2 n)$

7. B。【解析】栈是限定在一端进行插入和删除的"先进后出"的线性表,其中允许进行插入和删除元素的一端称为栈顶。

8. C。【解析】数据库的设计阶段包括需要分析、概念设计、逻辑设计和物理设计,其中将 E-R 图转换成关系数据模型的过程属于逻辑设计阶段。

9.D。【解析】关系 R 与 S 经交运算后得到的关系由既在 R 内又在 S 内的有序组所组成,记为 R∩S。

10.C。【解析】关键字是指其值能够唯一地标识一个元组的属性或属性的组合,题中 SC 中学号和课号的组合可以对元组进行唯一标识,因此它为表 SC 的关键字。

11.D。【解析】本题中,一个收款口只能有一套设备,一套设备只能在一个收款口,"收款口"与"设备"的关系属于一对一关系。

12.A。【解析】选择运算是在关系中选择满足指定条件的元组。本题属于关系中选择满足条件的元组,所以为选择操作。

13.B。【解析】在 SQL 查询中,Group By 用来分组,Order By 用来排序。

14.B。【解析】在 Access 数据表视图中,如果当查询某字段的值时选择了匹配"整个字段",则会仅定位字段值和要查找的值精确相等的结果,每一次点击"查找下一个"按钮只会定位当前光标处的下一条记录。

15.D。【解析】表与表之间的关系可以反映出实体与实体之间的关系。

16.A。【解析】本题中 B、D 选项的 SELECT 子句中的结果字段不正确,C 选项 And 的优先级高于 Or。

17.C。【解析】本题中要求覆盖原来的表,属于生成表查询。

18.C。【解析】"Not 工资额>2000"的含义是工资额不大于2000,即工资额大于2000以外。

19.A。【解析】参照完整性指的是两个逻辑上有关系的表,其表里面的数据必须满足它们的关系。

20.C。【解析】输入掩码中的字符及其含义见下表:

字　符	含　　　义
"0"	代表必须输入 0~9 中的一个数字
"9"	代表可以选择输入数字或空格
"#"	代表可以选择输入数据和空格,在编辑模式下空格以空白显示,但是保存数据时将空白删除,允许输入加号或减号
"L"	代表必须输入字母(A~z)
"C"	代表可以选择输入任何数据和空格

21.C。【解析】当在数据表视图下向表中输入数据时,未输入的数据都使用该字段的默认值。

22.D。【解析】VBA 中,设置 Visible 属性为 True 可以使某个控件可见,设置 Enabled 属性为 True 可以使某个控件可用。

23.B。【解析】Access 窗体中的文本框主要用来输入或编辑数据,可以与字段数据相绑定。

24.A。【解析】SQL 能定义的数据包括表、视图、索引等,不包括报表。

25.A。【解析】在 Access 的窗体、报表、宏中都可以使用宏,但在数据表中不能使用宏。

26.D。【解析】宏是数据对象的一部分,不能独立存在,只能依存于数据对象来进行操作。

27.D。【解析】VBA 只能由顺序、分支和循环 3 种基本控制结构组成。

28.A。【解析】VBA 中,Left 函数用于在字符串左端开始取 n 个字符;Right 函数用于在字符串右端开始取 n 个字符(注意子串中字符的顺序与母串中相同);Mid 函数可以实现在任何位置取任何长度的子串。

29.C。【解析】用 Dim 语句来定义数组的格式为:Dim 数组名([下标下限 to]下标上限)As 数据类型
其中,下标下限默认为 0。

30.B。【解析】模块是能够被程序调用的函数,可以在模块中放置任意复杂的代码段。

31.A。【解析】在 VBA 中,程序运行错误处理的语句及其功能见下表:

错误处理语句	含　　义
On Error GoTo 标号	在遇到错误时程序转移到标号所指位置代码执行
OnError Resume Next	在遇到错误时不会考虑错误并继续执行下一条语句
On Error GoTo 0	关闭错误处理

32.D。【解析】在 VBA 中,数据库访问接口有开放数据库互连(ODBC)、数据访问对象(DAO)和 Active 数据对象(ADO) 3 种。

33.A.【解析】在 VBA 的过程调用时,如果在过程声明时形参用 ByVal 声明,说明此参数为传值调用;没有说明传递类型,则默认为传址传递。

34.C.【解析】本题中 A 选项中的循环执行 4 次,B 选项中的循环执行 1 次,C 选项中的循环不执行,D 选项中的循环执行 4 次。

35.D.【解析】本题程序的功能是分别统计输入的数据中奇偶数的个数。

二、填空题

1.输出【解析】测试用例由输入值集和与之对应的输出值集两部分组成。

2.9【解析】深度为 K 的满二叉树的叶子结点的数目为 $2K-1$。

3.24【解析】在循环队列中,头指针指向的是队头元素的前一个位置,根据题意从第 6 个位置开始有数据元素,所以队列中的数据元素的个数为 $29-5=24$。

4.关系【解析】在关系数据库中,用关系来表示实体之间的联系。

5.数据定义语言【解析】在数据库管理系统提供的数据定义语言、数据操纵语言和数据控制语言中,数据定义语言负责数据的模式定义与数据的物理存取构建。

6.#【解析】Access 中常见的通配符及其含义见下表:

通配符	含　　义
"＊"	代表 0 个或多个任意字符
"?"	代表一个任意字符
"#"	代表一个任意数字字符
"[]"	代表与[]内任意一个字符匹配
"!"	代表与任意一个不在方括号内的字符匹配,必须与[]一起使用

7.参数【解析】Access 的参数查询是指利用对话框来提示用户输入准则的查询。

8.—4【解析】Int()函数返回表达式的整数部分,参数为正值时结果相同,参数为负值时,返回小于等于参数值的第一个负数。

9.条件表达式的值【解析】VBA 中的分支结构都是根据条件表达式的值来选择执行程序语句。

10.Variant【解析】VBA 中变体型(Variant)可以包含大部分其他类型的数据。

11.25【解析】本题中循环执行 5 次,每次加 1、3、5、7、9,结果为 25。

12.num i【解析】求最大值的程序循环结束后可以保证最大值变量里存的是所有数据中的最大值。所以在第一个空白处应该填入 num。每次循环的 i 值刚好是输入数据的次序值,当输入的数据比当前的最大值大时,当前的 i 值就是新的最大值的位置。所以在第二个空白处应该填入 i。

13.fd＋1 rs.MoveNext【解析】本题中 fd 是当前记录"年龄"字段的值,在循环内应该使 fd 自加 1,所以在第一个空白处应该填入 fd＋1;由于数据表的 MoveNext 方法可以使当前记录指针下移一条记录,所以在第二个空白处应该填入 rs.MoveNext。

第8套　笔试考试试题答案与解析

一、选择题

1.B。【解析】本题考查栈的特性,栈是按照"后进先出"的原则组织数据的。所以出栈顺序是 EDCBA54321。

2.D。【解析】循环队列中元素的个数是由队头指针和队尾指针共同决定的,元素的动态变化也是通过队头指针和队尾指针来反映的,当队头等于队尾时,队列为空。

3.C。【解析】本题考查查找的算法,对于长度为 n 的有序线性表,在最坏情况下,二分法查找需比较 $\log_2 n$ 次。

4.A。【解析】顺序存储是把逻辑上相邻的数据元素存储在物理上相邻的存储单元中,主要用于线性的数据结构,而链式存储结构空间不一定是连续的。无需担心容量问题。

5.D。【解析】数据流图是从输入到输出的移动变换过程。用带箭头的线段表示数据流,沿箭头方向表示传递数据的通道,一般在旁边标注数据流名。

6.B。【解析】在软件开发中,需求分析阶段常使用数据流图(DFD)、数据字典(DD)、结构化英语、判断表和判断树等工具。

7.A。【解析】对象是类的实例,它具有如下特征:标识唯一性、分类性、多态性、封装性、模块独立性。

8.B。【解析】两个实体间的联系可以分为3种:一对一、一对多或多对一、多对多。由于一个宿舍可以住多个学生,所以它们的联系是一对多联系。

9.C。【解析】数据管理技术分为:人工管理阶段、文件系统阶段和数据库系统阶段3个阶段。人工管理阶段无共享,冗余度大;文件管理阶段共享性差,冗余度大;数据库系统管理阶段共享性大,冗余度小。

10.D。【解析】本题是对几种运算的使用进行考查。笛卡儿积是两个集合相乘的关系,并运算是包含两集合的所有元素,交运算是取两集合公共的元素,自然连接满足的条件是两关系间有公共域;通过公共域的相等直接进行连接。通过观察3个关系R、S、T的结果可知,关系T是由关系R和S进行自然连接得到的。

11.A。【解析】在Access关系数据库中,用表来实现关系,表的每一行称作一条记录,对应关系模型中的元组;每一列称作一个字段,对应关系模型中的属性。

12.A。【解析】在设计字段时可使用输入掩码来使输入的格式标准保持一致,输入掩码中的字符"#"代表可以选择输入数据和空格,在编辑模式下空格以空白显示,允许输入"+"或"-"。

13.C。【解析】在Access中利用排序来根据当前表中一个或多个字段的值对整个表中的记录进行升序或降序的排列;利用筛选从所有数据中挑选出部分满足某些条件的数据进行处理,并且只显示这部分数据,不满足条件的记录将被隐藏。

14.B。【解析】查询的设计视图的上半部分为字段列表,下半部分为设计网格。设计网格中有若干行,其中的"字段"可以显示选定的字段名,也可以在设计时添加或输入字段名。

15.D。【解析】在Access中,如果将表中不需要的数据删除,则这些删除的记录将不能被恢复。

16.B。【解析】参照完整性指的是两个逻辑上有关系的表,表里面的数据必须满足它们的关系。例如,主表中没有相关记录就不能将记录添加到相关表,则需要设置级联插入相关字段;相关表中的记录删除时主表的相关记录随之删除,则需要设置级联删除相关字段;相关表中的记录更新时主表的相关记录随之更新,则需要设置级联更新相关字段。

17.B。【解析】在数据库中建立索引,为了提高查询速度,一般并不改变数据库中原有的数据存储顺序,只是在逻辑上对数据库记录进行排序。

18.D。【解析】本题考查逻辑运算符的知识。当逻辑运算符And两端的操作数都为真时结果才为真;逻辑运算符Or只有运算符两端的操作数都为假时结果才为假,否则结果为真。And运算的优先级要高于Or,所以本题答案为D。

19.A。【解析】当查询准则等于A或者等于B时,可以用"A Or B"或IN(A,B)来表达,不能用其他方法表达。

20.D。【解析】在使用向导创建查询时,查询的来源可以是数据库表,也可以是另一个已创建的查询。

21.C。【解析】Access中的参数查询是利用对话框来提示用户输入准则的查询,它可以根据用户输入的准则来检索符合条件的记录,实现随机的查询需求。创建参数查询是在字段中使用"[]"指定一个参数。

22.C。【解析】本题考查的是InStr函数。InStr函数的格式为

InStr(字符表达式1,字符表达式2[,数值表达式])

其功能是检索字符表达式2在字符表达式1中最早出现的位置,返回整数,若没有符合条件的数,则返回0。本题的查询条件是在简历字段中查找是否出现了"篮球"字样。应使用关键词"Like";在"篮球"的前后都加上"＊",代表要查找的是"篮球"前面或后面有多个或0个字符的数据,这样也就是查找所有简历中包含"篮球"的记录。

23.A。【解析】SQL语言的功能包含数据定义、数据操纵、数据查询和数据控制。数据定义可以实现表、索引和视图等的定义、修改和删除。CREATE TABLE语句是创建一个表;CREATE INDEX语句是创建一个索引;ALTER TABLE是修改一个表的结构;CREATE DATABASE是创建一个数据库。

24.D。【解析】本题考查窗体的相关知识。可以在窗体的工具箱中找到组合框的图标。选项A代表的是单选按钮,选项B代表的是复选按钮,选项C代表的是命令按钮。

25.C。【解析】Access中的窗体中某些控件可以与表或查询中的字段绑定,这时就需要设置控件的数据来源。文本框和组合框的控件来源可以是表或查询的字段,或者取自固定内容的数据。要改变这些数据就需要修改控件来源。

26.B。【解析】文本框中的Value属性可以决定控件来源或固定内容的数据。

27.C。【解析】报表和窗体的数据源既可以是表对象、查询对象或SQL语句。

28.B。【解析】如果要限制宏操作的范围,可以在创建宏时定义条件表达式从而形成条件操作宏。

29. A。【解析】在 VBA 中,打开窗体的命令格式为:DoCmd. OpenForm。打开表的命令为:DoCmd. OpenTable;打开报表的命令为:DoCmd. OpenReports;打开查询的命令为:Docmd. OpenQuery;关闭窗体和报表的命令为:DoCmd. Close。

30. D。【解析】在 VBA 中变量的作用域分为:在模块过程内部用 Dim 或 Private 定义的变量为局部变量;在标准模块的变量定义区域用 Dim 或 Private 定义的变量为模块变量;在标准模块的变量定义区域用 Public 定义的变量为全局变量。用 Static 定义的为静态变量。

31. A。【解析】本题考查标准函数的基本知识。Int()函数和 Fix()函数都是返回表达式的整数部分,两者参数为正值时结果相同,参数为负值时,Int()函数返回小于等于参数值的第一个负数,Fix()函数返回大于等于参数值的第一个负数。

32. C。【解析】Do…Loop 循环可以先判断条件,也可以后判断条件,但是条件式必须跟在 While 语句或者 Until 语句的后面。

33. A。【解析】在 VBA 的过程调用时的参数传递有两种方式:传址传递和传值传递。如果在过程声明时形参用 ByVal 声明;说明此参数为传值调用,这时形参的变化不会返回给实参;若用 ByRef 声明,说明此参数为传址调用,此时形参的变化将会返回给实参,如果没有说明传递类型,则默认为传址方式。

34. B。【解析】本题考查循环变量的变化,可以看成 sum＝10＋8＋6＋4＋2＝30。

35. C。【解析】本题中的空白处实现的功能应该是结束循环,根据循环条件可知,无论是把 flag 设置为 False 或者 NOT Flag 都可以退出循环,Exit Do 语句当然也可以退出循环,但 C 选项则会造成死循环,不能退出。

二、填空题

1. DBXEAYFZC【解析】中序遍历遵循的原则是先遍历左子树,然后访问根结点,最后遍历右子树;并且,在遍历左、右子树时,仍然依照此顺序,所以中序遍历的结果是 DBXEAYFZC。

2. 单元【解析】软件测试过程分 4 个步骤进行,单元测试、集成测试、难收测试和系统测试,由此可看出集成测试在单元测试之后进行。

3. 过程【解析】软件工作的三个要素是方法、工具和过程。方法是完成软件工程项目的技术手段;工具支持软件的开发、管理、文档生成;过程支持软件开发的各个环节控制和管理。

4. 逻辑设计【解析】数据库设计的阶段分:需求分析阶段、概念设计阶段、逻辑设计阶段、物理设计阶段、编码阶段、测试阶段、运行阶段和进一步修改阶段。在数据库设计中采用前 4 个阶段。

5. 分量【解析】元组分量的原子性是指二维表中元组的分量是不可分割的基本数据项。

6. 连接【解析】关系运算可以分为两类,一是传统的集合运算,如交、并、差和笛卡儿积;另一类是专门的关系运算,包括选择、投影和连接等,在属性框中输入一个设置值或表达式可以设置该属性,被称为静态设置方法;在代码中通过对属性赋值的方法来设置属性称为动态设置方法。

7. 设计【解析】数据访问页有页视图和设计视图两种方式。

8. 选择结构【解析】VBA 程序语句按照其功能不同分为声明语句和执行语句,而执行语句又分为顺序结构、选择结构和循环结构。选择结构又称条件结构,根据条件选择执行路径。

9. RunSQL【解析】在 Access 中,RunSQL 用于执行指定的 SQL 语句,RunApp 用于执行指定的外部应用程序。

10. 动态【解析】在属性表中,单击要设置的属性,在属性框中输入一个设置值或表达式可以设置该属性,被称为静态设置方法在代码中通过对属性赋值的方法来设置属性称为动态设置方法。

11. 64【解析】VBA 的过程调用的参数传递有两种方式:传址传递和传值传递。如果在过程声明时形参用 ByVal 声明;说明此参数为传值调用,这时形参的变化不会返回给实参;若用 ByRef 声明,说明此参数为传址调用,此时形参的变化将会返回给实参,如果没有说明传递类型,则默认为传址方式。本题中在定义子过程 p 的时候用 ByVal 声明了形参 m,说明为传值调用,此时对 m 不会影响调用它的实参 y;而形参 n 默认为传址调用,此时对 n 做任何改变都会影响实参 x。所以调用过程结束后,x 的值变为 2,y 仍然为 32,因此最后的结果为 64。

12. num f0＋f1【解析】本题实际上是考查菲波拉契数列第 n 项的计算过程。由于 num 里面存放的是用户输入的项数,所以这个循环肯定是循环到这一项为止,第一个空白处应填写 num;具体每一项的计算公式应该是前两项之和,f0 和 f1 分别代表的就是前两项,所以第二个空白处应填写 f0＋f1。

13. rs. eof fd【解析】ADO(ActiveX 数据对象)可以对来自多种数据提供者的数据进行读和写操作。本题中 rs 就是一个 ADO 对象,第一个空白处的条件应该是查找完整个数据表都没有找到相关记录,而前面执行的 select 语句就是查找语句,如果查找成功,则数据表的当前记录指针将停留在当前查找到的记录上,若没有找到,则当前记录指针将停留在 eof 区,所以第一个空白处应填写 rs. eof 第二个空白比较简单,由下文可以看出,fd 这个变量代表权限进行比较,同时,在前面没有对 fd 变量进行赋值的语句,所以第二个空白处应填写 fd。

第9套　笔试考试试题答案与解析

一、选择题

1. D。【解析】本题考查了栈、队列、循环队列的基本概念,栈的特点是先进后出,队列的特点是先进先出,根据数据结构中各数据元素之间的复杂程度,将数据结构分线性结构与非线性结构两类。有序线性表既可以采用顺序存储结构,也可以采用链式存储结构。

2. A。【解析】根据栈的定义,栈是一种限定在一端进行插入与删除的线性表。在主函数调用子函数时,主函数会保持当前状态,然后转去执行子函数,把子函数的运行结果返回到主函数,主函数继续向下执行,这种过程符合栈的特点。所以一般采用栈式存储方式。

3. C。【解析】根据二叉树的性质判定,在任意二叉树中,度为 0 的叶子结点总是比度为 2 的结点多一个。

4. D。【解析】本题考查排序的比较次数,冒泡排序、简单选择排序和直接插入排序在最坏的情况下比较次数为 n(n−1)/2。而堆排序法在最坏的情况下需要比较的次数为 O(nlog₂n)。

5. C。【解析】编译程序和汇编程序属于开发工具,操作系统属于系统软件,而教务管理系统属于应用软件。

6. A。【解析】软件测试的目的是为了发现错误及漏洞而执行程序的过程。软件测试要严格执行测试计划。程序调试通常也称 Debug,对被调试的程序进行"错误"定位是程序调试的必要步骤。

7. B。【解析】耦合是指模块间相互连接的紧密程度,内聚性是指在一个模块内部各个元素间彼此之间接合的紧密程序。高内聚、低耦合有利于模块的独立性。

8. A。【解析】数据库设计的目的是设计一个能满足用户要求,性能良好的数据库。所以数据库应用系统的核心是数据库设计。

9. B。【解析】本题考查关系的运算,一个关系 R 通过投影运算后仍为一个关系 R',R'是由 R 中投影运算所得出的那些域的列所组成的关系。选择运算主要是对关系 R 中选择由满足逻辑条件的元组所组成的一个新关系,所以题中关系 S 是由 R 投影所得。

10. C。【解析】在 C 语言中,将 E−R 图转换为关系模式时,实体和联系都可以表示为关系。

11. C。【解析】按数据的组织形式分,数据模型分为层次模型、网状模型和关系模型。层次模型用树形结构描述实体间的关系;网状模型用图结构描述实体间的关系;关系模型用二维表描述实体间的关系。

12. A。【解析】本题考查了实体之间的联系。一对一联系:如果实体型 A 中的任意一个实体,至多对应实体型 B 的一个实体;反之,实体型 B 中的任意一个实体,至多对应实体型 A 中的一个实体,则称实体型 A 与实体型 B 有一对一联系。一对多联系:如果实体型 A 中至少有一个实体对应于实体型 B 中的一个以上实体;反之,实体型 B 中的任意一个实体,至多对应实体型 A 中的一个实体,则称实体型 A 与实体型 B 有一对多的联系。多对多联系:如果实体型 A 中至少有一个实体对应于实体型 B 的一个以上实体;反之,实体型 B 中也至少有一个实体对应实体型 A 中一个以上的实体,则称实体型 A 与实体型 B 有多对多的联系。主键具有唯一性,A、B 两表主键都为 C 字段,所以 A 与 B 是一对一的关系。

13. C。【解析】文本类型允许最大长度为 255 个字符或数字,而 Access 默认的大小是 50 个字符,并且系统只保存输入到字段中的字符,而不保存文本字段中未用位置上的空字符。可以设置"字段大小"属性控制可输入的最大字符长度。

14. D。【解析】Access 数据库由数据库对象和组两部分组成,其中数据库对象包括:表、查询、窗体、报表、数据访问页、宏和模块,其中表对象是数据库设计目的的对象。

15. C。【解析】在数据库中,空值用来表示实际值未知或无意义的情况。任何数据类型的列,只要没有使用非空(Not Null)或主键(Primary Key)完整性限制,都可以出现空值。

16. C。【解析】在使用输入掩码输入数据时,如果要输入的格式标准保持一致,或要检查输入时的错误,可以使用 Access 提供的"输入掩码向导"来设置一个输入掩码。

17. D。【解析】在 SQL 语句中,日期型数据使用"#"分隔符,如"between #2009−3−28# and #2009−4−1#"。

18. B。【解析】报表是以打印格式来显示数据,其中的信息大多来源于基表、查询和 SQL 语句,少量来自于报表设计当中。报表是以一定输出格式表现数据的一种对象。

19.B。【解析】分组是指报表设计时按选定的某个(或几个)字段值是否相等而将记录划分成组的过程。组页眉/组页脚节区内添加计算字段对某些字段的一组记录或所有记录进行求和或求平均统计计算。

20.D。【解析】在 Access 中,CREATE 语句用来建立表、索引或视图结构,但不会追加新的记录。

21.B。【解析】在本题中,A 选项为组合框;C 选项为展开方式;D 选项为列表框。

22.B。【解析】宏是一个或多个操作的序列,通过宏操作可以修改数据库、表和窗体,但是不能修改它本身。

23.A。【解析】在设计条件宏时,对于连续重复和条件,只要在相应的"条件"栏输入省略号(…)即可。

24.A。【解析】在宏参数中,引用窗体中控件的格式为:Forms![窗体名]![控件名]。

25.D。【解析】在 Access 中,宏操作 Quit 是关闭所有窗口并退出 Access 系统,也可在退出之前保存数据库对象。

26.A。【解析】一个控件从得到焦点到失去焦点,所触发的时间顺序依次为:Enter(控件)→GotFocus(控件)→Exit(控件)→LostFocus(控件)。

27.A。【解析】VBA 的过程调用的参数传递有两种方式:传址传递和传值传递。如果在过程声明时形参用 ByVal 声明;说明此参数为传值调用,这时形参的变化不会返回给实参;若用 ByRef 声明,说明此参数为传址调用,此时形参的变化将会返回给实参,如果没有说明传递类型,则默认为传址方式。

28.D。【解析】在本题中,选项 A 为修改表;选项 B、C 书写错误。

29.A。【解析】在 VBA 中打开窗体的命令格式为:DoCmd.openForm。打开表的命令为:DoCmd.OpenTable;打开报表的命令为:DoCmd.OpenReports;打开查询的命令为:Docmd.OpenQuery;关闭窗体和报表的命令为:DoCmd.Close。

30.D。【解析】本地窗口:其内部自动显示出所有在当前过程中的变量声明及变量值,从中可以观察一些数据信息。

31.B。【解析】在 VBA 中,过程的调用可以进行嵌套,但过程的定义不能够嵌套。

32.B。【解析】DCount 函数可用于确定指定记录集中的记录数;DLookup 函数可用于从指定记录集获取特定字段的值;DMax 函数可用于确定指定记录集中的最大值;DSum 函数可用于计算指定记录集中值集的总和。

33.B。【解析】A、C、D 选项均为条件函数,所以本题正确答案为 B 选项。

34.C。【解析】Do Until…Loop 循环结构是当条件为假时,重复执行循环体,直至条件表达式为真时结束循环。

35.C。【解析】本题第一个内层循环,m 的值为 $24-18=6$,n 的值为 18;第二个内层循环 1,m 的值为 6,n 的值为 $18-6=12$;第二个内层循环 2,m 的值为 6,n 的值为 $12-6=6$。

二、填空题

1.19【解析】当前栈中的所有元素的个数就是用栈底指针减去栈顶指针。

2.白盒【解析】根据定义软件测试按照功能划分可以分为白盒测试和黑盒测试,白盒测试方法也称为结构测试或逻辑驱动测试,其主要方法有逻辑覆盖、基本路径测试等。

3.顺序结构【解析】在 C 语言中,结构化程序设计的 3 种基本控制结构是:选择结构、循环结构和顺序结构。

4.数据库管理系统【解析】数据库管理 DBMS 是一种系统软件,负责数据库组织、数据操纵、数据维护、控制及保护和数据服务等。数据库管理系统是数据库系统的核心。

5.菱形【解析】本题考查 E－R 的关系,在 E－R 图中,用菱形来表示实体之间的联系。矩形表示实体集,椭圆形表示属性。

6.选择【解析】关系运算有选择、投影、连接与自然连接。选择:从关系中找出满足给定条件的元组的操作。

7.信息【解析】Mid 函数可以实现在任何位置取任何长度的子串,本题中,Mid("学生信息管理系统",3,2)是指从第 3 个字母开始取 2 个字符,即"信息"两字。

8.* from 图书表【解析】"Select * from 表名"表示从数据表中查询出所有记录。

9.事件过程【解析】在 Access 中可以通过选择运行宏或事件过程来响应窗体、报表或控件上发生的事件。

10.i≤j【解析】根据所给的乘法表,每行输出的结果中可以找出规律,i≤j。

11.flag＝1【解析】本题当单击"开关"按钮时显示或隐藏时钟,在窗体加载时 flag 赋值为 1,单击开关触发"开关 Click([])"函数,此时判断 flag 标志,当 flag 为关时,隐藏时钟,flag 标志转换为开;当 flag 为开时,显示时钟,flag 标志换为开。

12.MsgBox False【解析】MsgBox 是弹出消息框,Visible 属性是表示控件是否显示,当属性值为 True 时就显示,为 False 时则隐藏。

13.IS NULL ＞30【解析】ISNULL 函数指出表达式是否不包含任何有效数据(Null),返回 Boolean 值。输入年龄只大于等于 15 且小于等于 30 的数值,当不符合这个范围则提示信息。即 Me! txtAge＜15 or Me! txtAge＞30 时给出提示信息

"年龄为15～30范围数据!"。

第10套　笔试考试试题答案与解析

一、选择题

1.C。【解析】线性结构是指数据元素只有一个直接前驱和直接后驱,线性表是线性结构,循环队列,带链队列和栈是指对插入和删除有特殊要求的线性表,是线性结构,而二叉树是非线性结构。

2.B。【解析】栈是一种特殊的线性表,其插入和删除运算都只在线性表的一端进行,而另一端是封闭的。可以进行插入和删除运算的一端称为栈顶,封闭的一端称为栈底。栈顶元素是最后被插入的元素,而栈底元素是最后被删除的。因此,栈是按照先进后出的原则组织数据的。

3.D。【解析】循环队列是把队列的头和尾在逻辑上连接起来,构成一个环。循环队列中首尾相连,分不清头和尾,此时需要两个指示器分别指向头部和尾部。插入就在尾部指示器的指示位置处插入,删除就在头部指示器的指示位置删除。

4.A。【解析】一个算法的空间复杂度一般是指执行这个算法所需的存储空间。一个算法所占用的存储空间包括算法程序所占用的空间,输入的初始数据所占用的存储空间及算法执行过程中所需要的额外空间。

5.B。【解析】耦合性和内聚性是模块独立性的两个定性标准,是互相关联的。在软件设计中,各模块间的内聚性越强,则耦合性越弱。一般优秀的软件设计,应尽量做到高内聚、低耦合,有利于提高模块的独立性。

6.A。【解析】结构化程序设计的主要原则概括为自顶向下,逐步求精,限制使用GOTO语句。

7.C。【解析】N-S图(也被称为盒图或CHAPIN图)和PAD(问题分析图)及PFD(程序流程图)是详细设计阶段的常用工具,E-R图也即实体-联系图是数据库设计的常用工具。从题中图可以看出该图属于程序流程图。

8.B。【解析】数据库系统属于系统软件的范畴。

9.C。【解析】E-R图也即实体-联系图(Entity Relationship Diagram),提供了表示实体型、属性和联系的方法,用来描述现实世界的概念模型,构成E-R图的基本要素是实体型、属性和联系,其表示方法为:实体型(Entity):用矩形表示,矩形框内写明实体名;属性(Attribute):用椭圆形表示,并用无向边将其与相应的实体连接起来;联系(Relationship):用菱形表示,菱形框内写明联系名,并用无向边分别与有关实体连接起来,同时在无向边旁标上联系的类型(1:1,1:n或m:n)。

10.D。【解析】关系的并运算是指由结构相同的两个关系合并,形成一个新的关系,其中包含两个关系中的所有元素。由题可以看出,T是R和S进行并运算得到的。

11.B。【解析】Access的结构层次是数据库→数据表→记录→字段。

12.B。【解析】该题中客房可为单人间和双人间两种,所以,一条客房信息表记录可对应一条或两条客人信息表记录,为一对多联系。

13.A。【解析】在关系操作中,从表中取出满足条件的元组的操作称作选择操作,该题的查找即属于这种操作。

14.A。【解析】窗体是用来设计输入界面的,报表和查询属于输出,表可以输入,但不可以设计界面。

15.C。【解析】数字、文本、时间/日期属于Access数据类型,而报表可用来设计数据的显示方式,不属于数据类型。

16.D。【解析】OLE对象用于链接或内嵌Windows支持的对象,可以为图片、office文档等。

17.D。【解析】双击连接线将出现编辑关系对话框,可对关系进行新的编辑。

18.A。【解析】掩码属性设为"LLLL"则可接受的输入数据为4个小写字母(L代表一个小写字母)。

19.C。【解析】筛选不会对表记录作出更改,只是显示结果不同。

20.B。【解析】首先应将借阅表按学号分组,每组即为每位学生的所有借阅记录,然后统计次数,所以应为B。

21.A。【解析】查询没有借过书的学生记录,所以借阅表的学号字段连接条件为Is Null,连接字段不需要重复显示,所以选A。

22.A。【解析】启动窗体执行Load事件,Click是点击事件,Unload是关闭事件,GotFocus是获得光标事件。

23.D。【解析】强制分页图标为D。

24.C。【解析】适宜使用宏的操作所具有的特点是能够重复操作。

25.C。【解析】第一个参数为信息框内容,VbQuestion设置提示符为问号,最后一个参数为标题。

26.C。【解析】按钮可应用设置按钮的Enabled属性,按钮不可见应设置按钮的Visible属性。

27.A。【解析】获得字符串最左边字符格式为:Left(字符串名,长度)。

28．A。【解析】窗体的 Caption 属性是用来设置窗体的标题的。

29．A。【解析】一个宏可以包含多个操作，但多个操作不能一次同时完成，只能按照从上到下的顺序执行各个操作。

30．D。【解析】指针类型不是 VBA 的数据类型。

31．B。【解析】定义数组的语法为 Dim 数组名(维数，…)As 数组类型。

32．B。【解析】本题考查的是 if 语句的条件判断。因为输入的值是 12，不等于 0，所以输出为 2。

33．D。【解析】本题考查 For 循环和变量赋值问题，虽然 For I=1 To 4 执行了 4 次，但是，每次都为 x 重新赋值了，所以最终输出结果为执行 2×3 次 x=x+3 的结果，即为 21。

34．B。【解析】本题考查函数调用，p(1)=1，p(2)=1+2，p(3)=1+2+3，p(4)=1+2+3+4，所以 s=1+3+6+10=20。

35．D。【解析】求记录集的个数用的是 RecordCount 属性，返回是一个数值类型数据。

二、填空题

1．14【解析】叶子结点总是比度为 2 的结点多一个。所以，具有 5 个度为 2 的结点的二叉树有 6 个叶子结点。总结点数=6 个叶子结点+5 个度为 2 的结点+3 个度为 1 的结点=14 个结点。

2．逻辑处理【解析】程序流程图的主要元素：①方框：表示一个处理步骤；②菱形框：表示一个逻辑处理；③箭头：表示控制流向。

3．需求分析【解析】软件需求规格说明书是在需求分析阶段产生的。

4．多对多【解析】每个"学生"有多个"可选课程"可对应，每个"可选课程"有多个"学生"可对应。

5．身份证号【解析】主关键字的要求必须是不可重复的，只有身份证号能够满足这个条件。

6．数据访问页【解析】数据访问页是一种特殊类型的 Web 页，用户可以在 Web 页中与 Access 数据库中的数据进行连接，查看、修改 Access 数据库中的数据，为通过网络进行数据发布提供了方便。

7．GoToRecord【解析】GoToRecord 可以定位到指定记录。

8．Change【解析】文本内容改变时响应该事件。

9．Len【解析】字符串操作中，Len 是求字符串长度的。

10．Int(x * 100)/100【解析】Int 函数返回的是操作对象的整数部分，所以，先将 x 乘以 100，取整后再除以 100 即只有两位小数了。

11．7887【解析】文本框的 Value 属性的返回值是字符串形式，所以，输出结果是这两个字符串的连接。

12．max1＝mark　aver＝aver＋mark【解析】第一个空是逐一判断是否是最大值，第二个空是分数合计。

13．Not rs. EOF rs. Update【解析】第一个空是判断是否是最后一条记录，以决定是否终止循环，第二个空是将计算结果更新到数据库中。

 第11套　笔试考试试题答案与解析

一、选择题

1．C。【解析】二分法查找只适用于顺序存储的有序表，对于长度为 n 的有序线性表，最坏情况需比较 $\log_2 n$ 次。

2．D。【解析】算法的时间复杂度是指算法需要消耗的时间资源。一般来说，计算机算法是问题规模 n 的函数 f(n)，算法的时间复杂度也因此记做 T(n)=O(f(n))因此，问题的规模 n 越大，算法执行的时间的增长率与 f(n)的增长率正相关，称作渐进时间复杂度(Asymptotic Time Complexity)。简单来说就是算法在执行过程中所需的基本运算次数。

3．B。【解析】编辑软件和浏览器属于工具软件，教务管理系统是应用软件。

4．A。【解析】调试的目的是发现错误或导致程序失效的错误原因，并修改程序以修正错误。调试是测试之后的活动。

5．C。【解析】数据流程图是一种结构化分析描述模型，用来对系统的功能需求进行建模。

6．B。【解析】开发阶段在开发初期分为需求分析、总体设计、详细设计 3 个阶段了，在开发后期分为编码和测试两个子阶段。

7．A。【解析】数据定义语言负责数据的模式定义与数据的物理存取构建；数据操纵语言：负责数据的操纵，如果查询与增、删、改等；数据控制语言：负责数据完整性、安全性的定义与检查以及并发控制、故障恢复等。所以答案应为 A。

8．D。【解析】一个数据库由一个文件或文件集合组成。这些文件中的信息可分解成一个个记录。

9.C。【解析】E—R(Entity—Relationship)图为实体—联系图,提供了表示实体型、属性和联系的方法,用来描述现实世界的概念模型。

10.A。【解析】选择是建立一个含有与原始关系相同列数的新表,但是行只包括那些满足某些特定标准的原始关系行。

11.D。【解析】数据库表既相互独立,又相互联系。独立表现为每张数据表都可以代表一定的数据关系,而联系表现为数据表之间的依赖关系,如主从表之间的依赖关系。

12.C。【解析】对数据输入无法起到约束作用的是字段名称,而输入掩码、有效性规则和数据类型对数据的输入都能起到约束作用。

13.C。【解析】在 Access 中,设置为主键的字段系统自动为其设置索引。

14.C。【解析】掩码字符"&"的含义是必须输入一个任意的字符或一个空格。

15.A。【解析】在 Access 中,如果不想显示数据表中的某些字段,可以使用隐藏命令来实现。

16.D。【解析】Access中的通配符有以下几种:"#"与任何单个数字字符匹配;"*"与任何个数的字符匹配,它可以在字符串中,当做第一个或者最后一个字符使用;"?"与任何单个字母的字符匹配;"["与方括号内任何单个字符匹配;"!"匹配任何不在括号之内的字符;"—"与范围内的任何1个字符匹配。必须以递增排序次序来指定区域(A 到 Z,而不是 Z 到 A)。

17.C。【解析】如要求在文本框中输入文本时以"*"显示的结果,应该设置的属性是输入掩码。

18.D。【解析】从公司表中查询信息的语句为 SELECT * FORM 公司,题中要求查找公司名称中有"网络"二字的公司信息,所以要用关键字"LIKE"实现模糊查询。故本题答案为 D。

19.B。【解析】利用对话框提示用户输入查询条件,这种查询方式属于参数查询。

20.D。【解析】在 SQL 查询中,"GROUP BY"的含义是对查询出来的记录进行分组操作。

21.A。【解析】在调试 VBA 程序时,当程序设计人员输入完一行语句时,Visual Baisc 编辑器会自动检测语法错误,并提醒程序员错误所在。

22.C。【解析】为窗体或报表的控件设置属性值的正确宏操作命令是 SetValue。

23.D。【解析】本题按钮实现的功能是将 subT 窗体的数据来源设置为"雇员"表,设置某窗体的数据来源格式为:＜窗体名＞From RecordSource＝"Select * From＜表名＞"。

24.B。【解析】在报表设计过程中,可以添加多种控件,例如标签控件、文本框控件、选项组控件等,但不适合添加图形控件。

25.D。【解析】对象"更新前"事件,即当窗体或控件失去了焦点时发生的事件。

26.C。【解析】PrintOut 为打印输出的意思,OutputTo 命令是输出报表中的复选框,SetWarnings 是宏命令,操作打开或关闭系统消息,MsgBox 是在对话框中显示消息,或弹出一个消息(或通知)。所以本题答案为 C。

27.D。【解析】DLookup 函数是 Access 为用户提供的内置函数,通过这些函数可以方便地从一个表或查询中取得符合一定条件的值赋予变量或控件值,就不需要再用 DAO 或 ADO 打开一个记录集,然后再去从中获取一个值,这样写的代码要少得多。

28.B。【解析】Int()函数的功能是取一个数的整数部分,将千分位四舍五入可以再加上 0.005,判断是否能进位,并截取去掉千分位的部分。

29.B。【解析】在模块的声明部分使用"Option Base 1"语句,其含义是定义数组的时候没有写下界时的默认下界值,如果是 Option Base 5,写 dim a(20),实际上就是 dim a(5 to 20);如果已经明确指定了下界,Option Base 的默认值就不再起作用,所以这是一个 4*6 的数组。

30.A。【解析】For i＝1 To 9 Step −3 语句的意思是循环从 1 开始到 9,步长为 −3,那么 i 的取值就为负数所以不执行循环体。

31.A。【解析】由于外层循环体中有语句 x＝0,所以无论内循环结束时 x 为多少,它都将被重新赋值 0,所以只有最后一次 i＝19,j＝19 时 x 值为 1,由于 i 的步长为 2,21 不符合循环条件,退出整个循环。故文本框中的结果为 1。

32.D。【解析】此 sub 的作用是输出个位上的数、十位上的数相加和为 10 的数,其中 y Mod 10 是求出个位上的数 Int(y/10)是求出十位上的数。

33.A。【解析】由程序可知 proc 过程作用是将参数的个位求出并赋给本身。它的第一个参数是默认地按地址传递所以它可以改变实参的值,而第二个是按值传递,形参的改变对实参无影响。于是当 Call proc(x,y)后 x 由 12 变为 2,而 y 仍为 32。

34.B。【解析】DateDiff(timeinterval,date1,date2[,firstdayofweek[,firstweekofyear]])返回的是两个日期之间的差值,

timeinterval 表示相隔时间的类型,ww 表示几周;而日期的 d1 和 d2 相差两周,故输出 2。

35.B。【解析】本题要求在空白处填入 SQL 语句,实现将"学生"表中的"年龄"字段值加 1,故应用关键字"Update"与"Set"组合,因此本题正确答案为 Update 学生 Set 年龄＝年龄＋1。

二、填空题

1. A,B,C,D,E,F,5,4,3,2,1【解析】队列是先进先出的。

2. 15【解析】队列个数＝rear－front＋容量。

3. EDBGHFCA【解析】后序遍历的规则是先遍历左子树,然后遍历右子树,最后遍历访问根结点,各子树都是同样的递归遍历。

4. 程序【解析】参考软件的定义。

5. 课号【解析】课号是课程的唯一标识即主键。

6. Label1. Caption＝"性别"【解析】因为"Frame1"为一个标签,改变标签的名字应使用属性"Caption",所以本题的答案为 Label1. Caption＝"性别"。

7. SetFocus【解析】若要定义当前光标的属性值应使用"SetFocus"命令。即将焦点移动到指定控件。

8. 4【解析】在使用向导创建数据访问页时,在确定分组级别步骤中最多可设置 4 个分组字段。

9. 456aBc【解析】本题考查了按下键盘的操作。当输入 ASCII 值在 37～122 之间时,使用了 Ucase 函数用来将小写字母转化成大写字母,当输入 ASCII 值在 65～90 之间时,使用了 Lcase 函数用来将大写字母转化成小写字母,当输入 ASCII 值在 48～57 之间时,使用了 Chr 函数用来返回 ASCII 码所代表的字符,所以本题输入 456Abc 后会输出 456aBc。

10. 201【解析】本题考查的是 for 循环的循环条件,在这里各个 for 循环里面的 i 值互不影响。

11. n Mod 5＝1 And n Mod 7＝1【解析】本题空白处要实现的功能是一个数同时除以 5 和除以 7 的时候都余 1,所以用逻辑表达式 And。

12. false k＋1【解析】第一空为当能够被整除时,素数判定结果为非素数。第二空为 do while 循环的条件自加。

13. rs. EOF rs. update【解析】第一空为循环终止条件:是否是最后一条记录。第二空更新数据。

第5章 上机考试试题答案与解析

第1套 上机考试试题答案与解析

一、基本操作题

(1)双击打开 Acc1.mdb 数据库文件;在"数据库"窗口中单击"表"对象,单击"新建"按钮,在"新建表"对话框中选择"设计视图",单击"确定"按钮。在设计视图中输入题目所要求的字段,并选择好数据类型和字段大小。

(2)在设计视图中,选中"产品 ID"字段,单击工具栏中的"主键"按钮,将"产品 ID"字段设置为主键。

(3)在设计视图中,选中"单价"字段,在字段属性的"常规"选项卡中,找到"小数位数"选项并输入2。

(4)关闭设计视图,在提示是否保存时选择"是",在"另存为"对话框中输入表名"产品"并确定。在数据库窗口中,双击"产品"表,打开"产品"表的数据表视图,按照题目要求输入记录内容(产品 ID 为自动编号类型,不用输入)。

二、简单应用题

(1)在"数据库"窗口中单击"查询"对象,单击"新建"按钮,选择"设计视图",单击工具栏中的"视图"按钮右侧的向下箭头按钮,从下拉列表中选择"SQL 视图"选项。执行"查询"→"SQL 特定查询"→"联合"命令,输入"SELECT 雇员号,雇员姓名,性别,所在部门 FROM 雇员 WHERE 所在部门="食品"UNION SELECT 雇员号,雇员姓名,性别,所在部门 FROM82 年出生雇员 WHERE 性别="男";查询语句。查询的设计如图。

(2)在"数据库"窗口中单击"查询"对象,单击"新建"按钮,选择"设计视图",选择"雇员.*"和"出生日期"字段,取消"出生日期"字段的显示,在"出生日期"字段对应的准则行中输入">(SELECT 出生日期 FROM 雇员 WHERE Year([出生日期])=1980)"。查询的设计如图。

三、综合应用题

(1)打开"Acc3.mdb"数据库,在"数据库"窗口中单击"报表"选项,选中"产品"报表,单击"设计"按钮,进入"产品"报表的设计视图。在工具箱中选择标签控件添加到报表页眉中。单击工具栏中的属性按钮,打开刚添加的标签属性,切换到"格式"标签页,在标题栏中输入"产品",在字号栏中输入"20";切换到"其他"标签页,在名称栏中输入"bTitle"。

(2)在工具箱中选择标签控件添加到页面页眉中,并设置其属性,将标题设置为"价格"、将名称设置为"bPrice"、上边距为 0.1cm、左边距为 5.8cm。

(3)单击工具栏中的"字段列表"按钮,打开"产品"表的字段列表,将其中的"价格"字段拖曳到主体节区中,删除其前面的标签。设置其属性:上边距为 0.1cm,左边距为 5.8cm,名称为"tPric"。

(4)将鼠标指针移到报表页脚横条的下边线,往下拖曳出适当的报表页脚范围,从工具箱中选择文本框控件添加到报表页脚中,并删除前面的标签。设置其名称为"tAvg"、控件来源为"=Avg([价格])"。

第2套 上机考试试题答案与解析

一、基本操作题

(1)打开"基本情况"表的设计视图,选中"职务"字段,将其拖到"姓名"和"调入日期"字段之间,保存。

(2)执行"格式"→"行高"命令,输入"14"。选择"调入日期"列,单击鼠标右键,选择"升序"选项。

(3)选择"工具"→"关系"命令,单击"显示表"按钮,添加"职务"表和"基本情况"表,拖动"职务"表的"职务"字段到"基本情况"表的"职务"字段上,在"编辑关系"对话框中选择"实施参照完整性"。

(4)执行"工具"→"关系"命令,单击"显示表"按钮,添加"部门"表和"基本情况"表,拖动"部门"表的"部门"字段到"基本情况"表的"部门"字段上,在"编辑关系"对话框中选择"实施参照完整性"。

二、简单应用题

(1)在"数据库"窗口中单击"查询"对象,单击"新建"按钮,选择"设计视图",添加销售数据,售货员信息和库存数据表。选

< 138 >

择"货号"、"货名"和"销售价格"字段,单击工具栏中的"总计"按钮。在"货号"和"货名"字段的"总计"行中选择"Group by",在"货号条件"行输入"[请输入货号]"。在"销售价格对应总计"行选择"Sum",在"销售价格"字段前添加"销售金额:"。单击"保存"按钮,输入查询名称为"按货号查询销售金额"。

(2)在"数据库"窗口中单击"宏"对象,单击"新建"按钮,选择"设计视图",选择"OpenQuery"操作,选择"按货号查询销售金额"查询。单击"保存"按钮,输入宏名称为"销售金额查询"。

三、综合应用题

(1)在"数据库"窗口中单击"窗体"对象,单击"新建"按钮,选择"自动创建窗体:纵栏式",选择学生表为数据源,单击"确定"按钮。将"性别"字段删除,添加组合框,输入"男"和"女",将数值保存到"性别"字段。从工具箱中选择按钮,添加到窗体中,在命令按钮向导的类别中选择"记录操作",在操作中选择"添加新记录",在按钮上输入"添加记录"。从工具箱中选择按钮,添加到窗体中,在命令按钮向导的类别中选择"记录操作",在操作中选择"保存记录",按钮文本输入"保存记录"。添加"关闭窗体"按钮,类别选择"窗体操作",操作选择"关闭窗体"。在窗体页眉中添加标签,输入"输入学生信息"文本,选中标签,在工具栏中选择对应文本格式。右键单击窗体视图的空白处,选择"属性"选项,在"格式页宽度"行输入 8.099cm,在弹出方式中选择"是"。

(2)在"数据库"窗口中单击"窗体"对象,单击"新建"按钮,选择"图表向导",选择课程成绩表为数据源,用于图表的字段选择"课程编号",并选择"柱形图"。

第3套 上机考试试题答案与解析

一、基本操作题

(1)执行"文件"→"新建"→"数据库"命令,选择路径后,输入文件名"商品",单击"创建"按钮。

(2)在"数据库"窗口中单击"表"对象,单击"新建"按钮,在"新建表"对话框中选择"导入表"选项,单击"确定"按钮,设置导入对话框文件类型为"Microsoft Excel",选择"雇员.xls",单击"导入"按钮,在导入数据表向导中选择第一行包含列标题,选择"雇员号"为主键,将表命名为"雇员"。

(3)用鼠标右键单击"雇员"表,选择"设计视图"选项,选择"雇员号"字段,将"字段大小"行的数字改为5。

(4)用鼠标右键单击"雇员"表,选择"设计视图"选项,选择"性别"字段,在"默认值"行输入"男",在"有效性规则"行输入"男 Or 女"。

二、简单应用题

(1)在"数据库"窗口中单击"查询"对象,单击"新建"按钮,选择"设计视图",添加"基本情况"表。选择"姓名"、"职务"和"电话"字段。在"职务准则"行输入"Like"*"经理"。单击"保存"按钮,输入查询名称为"经理信息"。

(2)用鼠标右键单击"经理信息"查询,选择"设计视图"选项,单击工具栏中的"视图按钮"右侧的向下箭头按钮,从下拉列表中选择"SQL 视图"选项,在"WHERE"括号中添加"AND((Year(([基本情况].[调入日期])))>2000)"。

三、综合应用题

(1)在"数据库"窗口中单击"查询"对象,单击"新建"按钮,选择"设计视图",添加"产品"、"订单"和"订单明细"3 张表,选择"订单 ID"、"产品名称"、"单价"、"数量"和"折扣"字段。添加"利润:[订单明细]![单价]*[订单明细]![数量]*[订单明细]![折扣]-[产品]![单价]*[订单明细]![数量]"字段。

(2)在"数据库"窗口中单击"窗体"对象,单击"新建"按钮,选择"自动创建窗体:纵栏",选择"订单明细查询"查询为数据源,单击"确定"按钮。

(3)在窗体页眉中添加标签,输入"订单明细表"文本,选中标签,在工具栏中选择对应的文本格式。使用鼠标右键单击窗体视图的空白处,选择"属性"选项,在弹出方式中选择"是"。

(4)在窗体页脚中添加 Label_1 标签,将其标题改为"总利润",然后添加"Text_1"文本框,控件来源填写为"=sum([利润])。

第4套 上机考试试题答案与解析

一、基本操作题

(1)在"数据库"窗口中单击"表"对象,单击"新建"按钮,在"新建表"对话框中选择"设计视图",按照要求建立字段。保存为"订单明细"表。

(2)打开"订单明细"表,输入对应的数据。

(3)在数据库的"报表"栏中,双击"使用向导创建报表",在启动的报表向导对话框中,选择"雇员"表中的全部字段,然后全部使用默认选项,最后将报表命名为"雇员"。

(4)执行"工具"→"关系"命令,单击"显示表"按钮,添加"订单"表和"订单明细"表,拖动"订单"表的"订单 ID"字段到"订单明细"表的"订单 ID"字段中,在"编辑关系"对话框中选择"实施参照完整性"。

二、简单应用题

(1)在"数据库"窗口中单击"查询"对象,单击"新建"按钮,选择"设计视图",添加"入学登记"表、"系"和"专业"表。选择"ID"、"姓名"、"性别"、"出生年月日"、"高考所在地"、"高考分数"、"专业名称"和"系名称"字段。在查询类型中选择"生成表查询",输入生成表的名称为"入学明细"。单击"保存"按钮,输入查询名称为"查询1"。

(2)在"数据库"窗口中单击"查询"对象,单击"新建"按钮,选择"设计视图",添加"入学登记"表、"系和专业"表。选择"系名称"字段。确保工具栏中的"总计"按钮处于按下状态。在"系名称字段总计"行中选择"Group by"。添加"平均高考分数:Sum([入学登记表]![高考分数])/Count([入学登记表]![ID]"字段,在"对应总计"行中输入"Expression"。单击"保存"按钮,输入查询名称为"查询2"。

三、综合应用题

(1)在"数据库"窗口中单击"查询"对象,单击"新建"按钮,选择"设计视图",添加"部门人员"和"工资"表。选择"姓名"字段,添加"税前工资:[工资表]![基本工资]+[工资表]![岗位工资]−[工资表]![住房补助]−[工资表]![保险]"字段和"税后工资:[工资表]![基本工资]+[工资表]![岗位工资]−[工资表]![住房补助]−[工资表]![保险])＊0.95"字段。

(2)在"数据库"窗口中单击"窗体"对象,单击"新建"按钮,选择"自动创建窗体:纵栏",选择"工资明细表"查询为数据源,单击"确定"按钮。在窗体页眉中添加标签,输入"工资明细表"文本,选中标签,在工具栏中选择对应文本格式。单击"保存"按钮,窗体名称取默认值。

(3)在窗体中添加文本标签"Label_纳税额"及文本框控件"Text_纳税额",并在文本框控件的"数据来源"栏中输入"=[税前工资]−[税后工资]"。

(4)选中所要修改的文本框,在其属性窗口中,将格式设置为"货币",将小数位数设置为"2"。

第5套　上机考试试题答案与解析

一、基本操作题

(1)在"数据库"窗口中单击"表"对象,单击"新建"按钮,在"新建表"对话框中选择"导入表",单击"确定"按钮,设置导入对话框文件类型为"Microsoft Excel",选择"订单.xls",单击"导入"按钮,在导入数据表向导中选择第一行包含列标题,选择"订单 ID"为主键,将表命名为"订单"。

(2)用鼠标右键单击"订单"表,选择"设计视图",按照要求修改字段的设计。

(3)执行"工具"→"关系"命令,单击"显示表"按钮,添加"产品"表和"订单"表,拖动"产品"表的"产品 ID"字段到"订单"表的"产品 ID"字段中,在"编辑关系"对话框中选择"实施参照完整性"。

二、简单应用题

(1)在"数据库"窗口中单击"查询"对象,单击"新建"按钮,选择"设计视图",添加"职位"表和"求职"表。选择"职位编号"和"人员编号"字段,确保工具栏中的"总计按钮"处于按下状态。在"职位编号"字段的"对应总计"行中选择"Group by"。在"人员编号总计"行中选择"Count",在"人员编号"字段前添加"求职人数"字样。单击"保存"按钮,输入查询名称为"查询1"。

(2)在"数据库"窗口中单击"查询"对象,单击"新建"按钮,选择"设计视图",添加"个人信息"、"求职"和"职位"表。选择"账号"、"职位编号"和"职位信息"字段,在"账号"字段的"条件"行中输入"[请输入账号]"。单击"保存"按钮,输入查询名称为"按账号查询求职信息"。

三、综合应用题

(1)在"数据库"窗口中单击"查询"对象,单击"新建"按钮,选择"设计视图",添加"课程成绩"表。选择"课程编号"和"成绩"字段,确保工具栏中的"总计"按钮处于按下状态。在"课程编号"字段的"总计"行中选择"Groupby",在"成绩"字段的"总计"行中选择"Max",在"成绩"字段前添加"最高分"字样。

(2)在"数据库"窗口中单击"窗体"对象,单击"新建"按钮,选择"自动创建窗体:纵栏式",选择"课程"表为数据源,单击"确定"按钮。

(3)在工具箱中选择子窗体/子报表添加到窗体中,按照要求选择字段。

(4)在窗体页眉中加入标签,根据题意进行属性修改。

(5)在子窗体设计视图中的导航按钮栏中选择"否"。

 第6套　上机考试试题答案与解析

一、基本操作题

(1)选择"工具"→"关系",单击"显示表"按钮,添加"部门信息"表和"产品"表,拖动"部门信息"表的"部门 ID"字段到"产品"表的"部门 ID"字段,在"编辑关系"对话框中选择"实施参照完整性"。

(2)打开"部门人员信息"表,执行"记录"→"筛选"→"高级筛选排序"命令,选择"性别"字段,在"条件"行中输入"女"。选择"部门 ID"字段,在"条件"行中输入"S01"。

(3)打开"部门信息"表,选中"部门名称"列,用鼠标右键单击选择"冻结列"。执行"格式"→"行高"命令,在"行高"对话框中输入13。执行"格式"→"数据表"→"单元格效果"→"凹陷"命令。

二、简单应用题

(1)在"数据库"窗口中单击"查询"对象,单击"新建"按钮,选择"设计视图",添加"学生档案"表。选择"学生档案表.＊"和"姓名"字段,取消"姓名"字段的显示,在"姓名"字段的"条件"行中输入"Not Like"张＊""。单击"保存"按钮,输入查询名称为"查询1"。

(2)在"数据库"窗口中单击"查询"对象,单击"新建"按钮,选择"设计视图",添加"课程名"表、"学生成绩"表和"学生档案"表。选择查询类型为生成表查询,输入"生成"表名称为"成绩明细"。选择"姓名"、"课程名"和"成绩"字段。单击"保存"按钮,输入查询名称为"查询2"。

三、综合应用题

(1)在"数据库"窗口中单击"查询"对象,单击"新建"按钮,选择"设计视图",添加"领取明细"表。选择"领取明细.＊"和"领取人 ID"字段,取消"领取人 ID"字段的显示,在"领取人 ID"字段的"条件"行中输入"[Forms]![员工信息登录]![员工 ID]"。

(2)进入"员工信息登录"设计视图,从工具箱中选择按钮,添加到窗体中,在命令按钮向导中选择类别"杂项",操作中选择"运行查询",选择"按照 ID 查询"查询,按钮文本为"领取明细"。添加按钮到窗体中,在命令按钮向导中选择类别"窗体操作",操作中选择"关闭窗体",按钮文本中输入"关闭窗体"。

 第7套　上机考试试题答案与解析

一、基本操作题

(1)在"数据库"窗口中单击"表"对象,单击"新建"按钮,在"新建表"对话框中选择"设计视图",按照要求建立字段。

(2)打开"课程"表,输入对应数据。

(3)执行"工具"→"关系"命令,单击"显示表"按钮,添加"student"表和"成绩"表,拖动"student"表的"学号"字段到"成绩"表的"学号"字段中,在"编辑关系"对话框中选择"实施参照完整性"。"课程"表到"成绩"表的关系设置同理。

二、简单应用题

(1)在"数据库"窗口中单击"查询"对象,单击"新建"按钮,选择"设计视图",添加"订单"和"订单明细"表。选择"定购日期"字段,确保工具栏中的"总计"按钮处于按下状态。在"定购日期"字段的"总计"行中选择"Groupby"。添加"销售额:Sum([订单明细]!成交价＊[订单明细]![数量]＊[订单明细]!折扣)"字段,在总计行中选择"Expression"。单击"保存"按钮,输入查询名称为"每天销售额"。

(2)在"数据库"窗口中单击"查询"对象,单击"新建"按钮,选择"设计视图",添加"部门人员"表和"部门信息"表。选择

"姓名"、"性别"、"职位"和"部门名称"字段,在"性别"字段的"条件"行中输入"女",在职位条件行中输入"Like" * 经理""。单击"保存"按钮,输入查询名称为"查询 1"。

三、综合应用题

(1)在"数据库"窗口中单击"窗体"对象,单击"新建"按钮,选择"设计视图",选择"产品入库"表为数据源,在窗体页眉中添加标签,输入"教学管理系统"文本,选中标签,在工具栏中选择对应文本格式。在窗体中添加"日期"、"产品代码"、"入库数量"和"标志"字段。

(2)选中日期文本框,用鼠标右键单击选择"属性"选项,在"数据页默认值"行中输入"=Date()"。产品代码用组合框绑定,按照要求输入所需的值,将数值保存到对应的字段中。从工具箱中选择按钮,添加到窗体中,在命令按钮向导中选择类别"记录操作",操作中选择"添加新记录",按钮文本中输入"添加记录"。"保存记录"和"删除记录"按钮的添加同理。

第8套　上机考试试题答案与解析

一、基本操作题

(1)执行"文件"→"新建"→"数据库"命令,选择路径后,输入文件名"Acc1.mdb",单击"创建"按钮;在"数据库"窗口中单击"表"对象,单击"新建"按钮,在"新建表"对话框中选择"表向导",单击"确定"按钮,在"表向导"对话框中选择"个人",在"示例表"列中选择"录影集",将"示例"字段中的"录音集 ID"字段、"演员 ID"、"导演 ID"、"出版年份"和"长度"字段选入新表中的字段列,单击"下一步"按钮,选择"不,自行设置主键",单击"下一步"按钮,选择"录影集 ID"字段为主键,单击"完成"按钮。

(2)选中录影集表,用鼠标右键单击选择"设计视图",选中"长度"字段,在字段属性的格式行中选择"日期"。打开"录影集"表,输入对应数据。

(3)在"数据库"窗口中单击"表"对象,单击"新建"按钮,在"新建表"对话框中选择"设计视图",按照要求建立字段。

二、简单应用题

(1)在"数据库"窗口中单击"查询"对象,单击"新建"按钮,选择"设计视图",添加"部门信息"和"部门人员"表。选择"部门名称"、"姓名"、"性别"和"职位"字段。在"职位"字段的"准则"行中输入"Like" * 经理""。单击"保存"按钮,输入查询名称为"查询 1"。

(2)在"数据库"窗口中单击"查询"对象,单击"新建"按钮,选择"设计视图",添加"部门人员"表和"工资"表。选择"员工ID"和"姓名"字段,添加"税前工资:[工资表]![基本工资]-[工资表]![住房补助]+[工资表]![岗位工资]-[工资表]![保险]"字段。单击"保存"按钮,输入查询名称为"查询 2"。

三、综合应用题

(1)选中"学生信息查询"窗体的选项卡控件,用鼠标右键单击选择"插入页",将插入页的标签修改为"学生档案信息",从工具箱中选择列表框添加到学生信息页,在列表框向导中选择"使列表框在表和查询中查阅数值",选择"学生档案信息"表,单击"下一步"按钮,选择要求字段,单击"下一步"按钮,单击"完成"按钮。

(2)在"数据库"窗口中单击"窗体"对象,单击"新建"按钮,选择"自动创建窗体:纵栏式",选择"教师档案信息"表为数据源,单击"确定"按钮。在工具箱中选择子窗体/子报表添加到窗体中,按照要求选择字段。

第9套　上机考试试题答案与解析

一、基本操作题

(1)选中"教师档案"表,用鼠标右键单击选择"导出",选择对应路径,保存类型选择"文本文件",单击"保存"按钮,在导出文本向导中选择"带分隔符",字段分隔符选择"逗号",单击"完成"按钮。

(2)打开"教师档案"表,执行"格式"→"取消隐藏列"命令,选中所有列后单击"关闭"按钮。选中"姓名"字段,将其拖动至"教师编号"字段列和"职称"字段列之间。

(3)执行"工具"→"关系"命令,单击"显示表"按钮,添加"班级"表和"教师授课"表,拖动"班级"表的"班级 ID"字段到"教师授课"表的"班级 ID"字段中,在"编辑关系"对话框中选择"实施参照完整性"。

二、简单应用题

(1)在"数据库"窗口中单击"查询"对象,单击"新建"按钮,选择"设计视图",添加"服务器"和"个人信息"表。选择"服务器名称"和"账号ID"字段。确保工具栏中的"总计按钮"处于按下状态。在"服务器名称"字段的"总计"行中选择"Group by",在"账号ID"字段的"总计"行中选择"Count"。单击"保存"按钮,输入查询名称为"查询1"。

(2)在"数据库"窗口中单击"查询"对象,单击"新建"按钮,选择"设计视图",添加"个人信息"表和"详细信息"表。在查询类型中选择"生成表"查询,输入"生成"表的名称为"账号信息"。选择"账号ID"、"邮件地址"和"名字"字段。单击"保存"按钮,输入查询名称为"查询2"。

三、综合应用题

(1)在"数据库"窗口中单击"查询"对象,单击"新建"按钮,选择"设计视图",添加"学生成绩"表、"课程名"表和"学生档案信息"表。选择"学号"、"姓名"、"课程名"和"成绩"字段。

(2)在"数据库"窗口中单击"窗体"对象,单击"新建"按钮,选择"设计视图",不选择数据源,在窗体中添加选项组控件,删除其中一页,将页名称改为"学生成绩信息",从工具箱中选择列表框添加到"学生成绩信息"页,在列表框向导中选择"使列表框在表和查询中查阅数值",选择"学生成绩表查询"查询,单击"下一步"按钮,选择要求显示的字段,单击"下一步"按钮,单击"完成"按钮。

 第10套　上机考试试题答案与解析

一、基本操作题

(1)选中"订单"表,用鼠标右键单击选择"设计视图"按钮在"订单ID"和"客户"字段之间添加"产品ID"和"数量"字段。将"产品ID"字段的数据类型设置为文本,在"字段长度"行中输入"8";将"数量"字段的数据类型设置为数字,字段大小为整型。

(2)打开"订单"表,添加对应数据。

(3)执行"工具"→"关系"命令,单击"显示表"按钮,添加"供应商"表和"订单"表,拖动"供应商"表的"供应商ID"字段到"订单"表的"供应商ID"字段中,在"编辑关系"对话框中选择"实施参照完整性"。

二、简单应用题

(1)在"数据库"窗口中单击"查询"对象,单击"新建"按钮,选择"设计视图",添加"产品"、"订单"、"订单明细"表。选择"订单ID"字段,添加"发货时间差:[订单]![发货日期]-[订单]![定购日期]"字段。单击工具栏中的"总计"按钮,在"订单ID"的总计行中选择"分组"。在"发货时间差"的总计行中选择"分组"。单击"保存"按钮,输入查询名称为"查询1"。

(2)在"数据库"窗口中单击"查询"对象,单击"新建"按钮,选择"设计视图",添加"产品"、"订单"、"订单明细"和"雇员"表。在查询类型中选择生成表查询,输入生成表名称为"订单详细表"。选择"订单ID"、"产品名称"、"订单明细.单价"、"数量"、"折扣"和"雇员姓名"字段,单击"保存"按钮,输入"查询2"。

三、综合应用题

(1)在"按订购日期查询订单"窗体页眉中添加标签为"起始日期"和"终止日期"的文本框,右键单击文本框,单击选择"属性",在"格式"行选择"短日期"。

(2)在"订单明细表"查询的"定购日期"字段的"准则"行输入">=[Forms]![按定购日期查询订单]![起始日期]And<=[Forms]![按定购日期查询订单]![终止日期]"。在"按定购日期查询订单"窗体上添加"查询"按钮,运行"订单明细表"查询。右键单击窗体视图的空白处,选择"属性",在"格式"页的"宽度"行输入7.674cm,在弹出方式中选择"是"。

 第11套　上机考试试题答案与解析

一、基本操作题

(1)执行"文件"→"新建"→"数据库"命令,选择路径后,输入文件名"Acc1.mdb",单击"创建"按钮;在"数据库"窗口中单击"表"对象,单击"新建"按钮,在"新建表"对话框中选择"表向导",在"表向导"对话框中选择"商务",选择"示例表"→"学生","示例字段"→"学生ID"、"名字"、"地址"和"主修"字段。

(2)双击"学生"表或者用鼠标右键单击后选择"打开"选项,在对应的字段中输入数据;选择"格式"→"行高",输入"13"。

(3)打开"学生"表,选中"学生"表中的"ID"列,用鼠标右键单击选择"隐藏列"选项;选中"主修"列,用鼠标右键单击选择"列宽"选项,单击"最佳匹配"按钮,其他列宽度设置同理。

(4)在"学生"表的设计视图中,选中"名字"字段,在"常规"选项卡的"字段大小"文本框中输入"10"。

二、简单应用题

(1)选择"查询"→"新建"→"设计视图",添加雇员表,选择"雇员.＊"和"生日"字段。在"生日"字段对应的"条件"行中输入"Between[起始日期]And[终止日期]"。取消生日字段的显示。单击"保存"按钮,输入查询名称为"查询1"。

(2)执行"查询"→"新建"→"设计视图"命令,添加"雇员"、"产品"、"供应商"和"订单"4张表,选择"名字"、"订单"表的"订单ID"、"产品名称"、"定购数量"和"供应商ID"字段,在"供应商ID"字段对应的"条件"行中输入"1",取消"供应商ID"字段的显示。单击"保存"按钮,输入查询名称为"查询3"。

三、综合应用题

(1)从工具箱中选择"按钮"选项添加到窗体中,取消按钮向导,输入按钮文本。

(2)选中按钮,用鼠标右键单击选择"事件生成器",在"选择生成器"对话框中选择"代码生成器",单击"确定"按钮,在"Private Sub"和"End Sub"之间添加如下代码:

```
Dim Department As Integer
Department＝Forms![基本情况]![部门ID]
Select Case Department
Case1
MsgBox "属于研发部",vbInformation,"所属部门"
Case2
MsgBox "属于管理部",vbInformation,"所属部门"
Case3
MsgBox "属于服务部",vbInformation,"所属部门"
End Select
```

单击工具栏中的"保存"按钮保存修改。

(3)从工具箱中选择"按钮"选项添加到窗体中,取消按钮向导,输入按钮文本。

(4)用鼠标右键单击按钮,选择"事件生成器",在"选择生成器"对话框中选择"代码生成器",单击"确定"按钮,在"Private Sub"和"End Sub"之间添加如下代码:

```
Dim D As Date
Dim Dl As Date
D＝Date
Dl＝Year(D)
MsgBox Year(D)－Year(Forms![基本情况]![调入日期]),vbInformation,"您的工龄(年)"
```

单击工具栏中的"保存"按钮保存修改。

第12套　上机考试试题答案与解析

一、基本操作题

(1)在"数据库"窗口中单击"表"对象,单击"新建"按钮,在"新建表"对话框中选择"设计视图",按照要求建立字段。在"成绩"字段的有效性规则行中输入"＞＝0And＜＝100"。

(2)打开成绩表,输入对应数据。

(3)执行"工具"→"关系"命令,选择"显示表"按钮,添加"课程"表和"成绩"表,拖动"课程"表的"课程号"字段到"成绩"表的"课程号"字段上,在"编辑关系"对话框中选择"实施参照完整性"。

(4)在关系窗口中添加"教师"表,拖动"教师"表的"任课老师ID"到"课程"表的"任课教师ID"字段上。在"编辑关系"对话框中选择"实施参照完整性"。

二、简单应用题

(1)在"数据库"窗口中单击"查询"对象,单击"新建"按钮,选择"设计视图",添加"班级"表和"学生"表。选择"班级名称"、"学号"和"学生姓名"字段。在"班级ID"字段的"条件"行中输入"[请输入班级ID]"。单击"保存"按钮,输入查询名称为"班级信息"。

(2)在"数据库"窗口中单击"查询"对象,单击"新建"按钮,选择"设计视图",添加"系别"表和"教师"表。在查询类型中选择生成表查询,输入生成表名称为"教师表"。选择"教师ID"、"教师姓名"、"性别"、"学历"和"系名称"字段。单击"保存"按钮,输入查询名称为"教师信息"。

三、综合应用题

(1)在"数据库"窗口中单击"查询"对象,单击"新建"按钮,选择"设计视图",添加"服务器"和"个人信息"表。选择"服务器名称"和"个人信息. *"字段。

(2)在"数据库"窗口中单击"宏"对象,单击"新建"按钮,在操作列选择"OpenQuery",将查询名称设置为"账号信息",保存为"账号信息宏"。

(3)在"数据库"窗口中单击"窗体"对象,单击"新建"按钮,选择"设计视图",不选择数据源,在窗体中添加按钮,在"产品信息"窗体中添加按钮,在命令按钮向导的类别中选择"杂项",在操作中选择"运行宏",选择"账号信息"宏。用鼠标右键单击窗体视图的空白处,选择"属性"选项,在格式页宽度行中输入7cm,在弹出方式中选择"是"。

第13套 上机考试试题答案与解析

一、基本操作题

(1)执行"文件"→"新建"→"数据库"命令,选择路径后,输入文件名"Acc1. mdb",单击"创建"按钮,在"数据库"窗口中单击"表"对象,单击"新建"按钮,在"新建表"对话框中选择"导入表",单击"确定"按钮,设置导入对话框的文件类型为"MicrosoftExcel",选择"book. xls",单击"导入"按钮,在导入数据表向导中选择第一行包含列标题,选择"书ID"为主键,将表命名为"book"。"reader. xls"表的导入操作同理。

(2)在"Reader"表的设计视图中的最后一行插入"照片"字段,数据类型选择"OLE对象"。切换到表视图,用鼠标右键单击第一行中的"照片"单元格,选择"插入对象",在对话框中选择"由文件创建",并单击"浏览"按钮,选中考生文件夹下的图片,将其插入到该字段中。

(3)选中book表,用鼠标右键单击选择"设计视图",选中"书ID"字段,设置字段大小为10。选中"reader"表,右键单击选择"设计视图",选中"读者ID",设置字段大小为10。

(4)在"数据库"窗口中单击"表"对象,单击"新建"按钮,在"新建表"对话框中选择"设计视图",按照要求建立字段。

二、简单应用题

(1)在"数据库"窗口中单击"查询"对象,单击"新建"按钮,选择"设计视图",添加"录影集"表、"演员"表和"导演"表。选择"导演姓名"、"影片名称"和"[演员].[姓名]"字段。在查询类型中选择生成表查询,输入生成表的名称为"影片集"。单击"保存"按钮,输入查询名称为"查询1"。

(2)在"数据库"窗口中单击"查询"对象,单击"新建"按钮,选择"设计视图",添加"录影集"表、"演员"表和"导演"表。选择"导演姓名"、"影片名称"、"[演员].[姓名]"和"地域"字段,在"姓名"字段条件行中输入"张三",在"地域"字段条件行中输入"北京"。单击"保存"按钮,输入查询名称为"查询2"。

三、综合应用题

(1)在"数据库"窗口中单击"窗体"对象,单击"新建"按钮,选择"自动创建窗体:纵栏",选择"部门人员"表为数据源,单击"确定"按钮,再单击"保存"按钮,输入窗体名称为"部门人员"。

(2)在"数据库"窗口中单击"窗体"对象,单击"新建"按钮,选择"自动创建窗体:纵栏",选择"工资"表为数据源,单击"确定"按钮,再单击"保存"按钮,输入窗体名称为"工资表"。

(3)在"数据库"窗口中单击"宏"对象,单击"新建"按钮,在操作列中选择"OpenForm",在窗体名称行中选择"工资表",在Where条件行中输入"[员工ID]=[Forms]![部门人员]![员工ID]"。在窗体"部门人员"页脚处添加"查询工资"按钮,运行"查询工资"宏。

(4)用鼠标右键单击窗体视图的空白处,选择"属性",选择事件页,在页脚单击按钮"查询工资",运行"查询工资"宏。

第14套　上机考试试题答案与解析

一、基本操作题

(1)执行"文件"→"新建"→"数据库"命令,选择路径后,输入文件名"Acc1.mdb",单击"创建"按钮,在"数据库"窗口中单击"表"对象,单击"新建"按钮,在"新建表"对话框中选择"导入表",单击"确定"按钮,设置导入对话框文件类型为"Microsoft Excel",选择"课程.xls",单击"导入"按钮,在导入数据表向导中选择第一行包含列标题,选择"课程号"为主键,将表命名为"课程"。"任课老师.xls"的导入方法与"课程.xls"的导入方法类似。

(2)用鼠标右键单击"课程"表,选择"设计视图",按照要求修改字段的设计。

(3)用鼠标右键单击"任课教师"表,选择"设计视图",按照要求修改字段的设计。

(4)执行"工具"→"关系"命令,选择显示表按钮,添加"任课老师"表和"课程"表,拖动"任课老师"表的"任课老师ID"字段到"课程"表的"任课老师ID"字段上,在"编辑关系"对话框中选择"实施参照完整性"。

二、简单应用题

(1)在"数据库"窗口中单击"查询"对象,单击"新建"按钮,选择"设计视图",添加"学生"表和"系别"表。选择"系名称"和"学号"字段。确保工具栏中"总计"按钮按下。在"系名称"字段的"总计"行中选择"Group by"。在"学号"字段的"总计"行中选择"Count",在学号字段前添加"学生数"字样。单击"保存"按钮,输入查询名称为"查询1"。

(2)在"数据库"窗口中单击"查询"对象,单击"新建"按钮,选择"设计视图",添加"课程成绩"表。选择"课程编号"、"课程名称"和"成绩"字段。取消"课程编号"列的显示,确保工具栏中"总计"按钮按下。在"课程编号"和"课程名称"字段的"总计"行中选择"Group by"。在"成绩"字段的"总计"行中选择"Max",在"成绩"字段前添加"最高分"字样。单击"保存"按钮,输入查询名称为"查询2"。

三、综合应用题

(1)在"数据库"窗口中单击"窗体"对象,单击"新建"按钮,选择"自动创建窗体:纵栏",选择"临时"表为数据源,单击"确定"按钮。用鼠标右键单击窗体视图的空白处,选择"属性"选项,在"格式页宽度"行中输入9cm,在弹出方式中选择"是"。

(2)在窗体页眉中添加标签,输入"新产品信息录入"文本,选中标签,在工具栏中选择对应的文本格式。

(3)在"查询"对象中选择"新建",将"临时"表添加到查询中,并选择全部字段,然后选择"查询"→"追加查询",并指定将记录追加到"产品"表中,保存名称为"追加产品记录"。采用同样的方法创建"删除临时表"查询。

(4)在设计视图中新建宏,在"操作"栏中选择"OpenQuery",查询名称选择"追加产品记录",在下一行中同样选择"OpenQuery",查询名称选择"删除临时表",将查询保存为"保存产品记录"。

(5)在窗体页脚中添加按钮,将名称设置为"Command1",单击事件选择"保存产品记录"宏。

第15套　上机考试试题答案与解析

一、基本操作题

(1)选择"工具"→"关系",选择显示表按钮,添加"公司"表和"bus"表,拖动"公司"表的"公司ID"字段到"bus"表的"公司ID"字段上,在"编辑关系"对话框中选择"实施参照完整性"和"级联删除相关记录"。

(2)打开"bus"表,执行"记录"→"筛选"→"高级筛选排序"命令,选择"末班车时间"字段,在条件行输入">=#21:00:00#"。

(3)用鼠标右键单击公司表,选择"另存为"选项,将保存类型设置为"窗体",单击"确定"按钮。

二、简单应用题

(1)在"数据库"窗口中单击"查询"对象,单击"新建"按钮,选择"设计视图",添加"学生"表。选择"学生.*"字段,添加"Month([出生年月日])"字段,并在对应的准则行中输入"11 or 8"。单击"保存"按钮,输入查询名称为"查询1"。

(2)在"数据库"窗口中单击"查询"对象,单击"新建"按钮,选择"设计视图",添加"学生"、"课程"和"课程成绩"表。选择"课程名称"、"学生姓名"和"成绩"字段,确保工具栏中的"总计"按钮按下。在"课程名称"和"学生姓名"字段的"总计"行中选择"Group by",在"成绩"字段的"总计"行中选择"Max"。单击"保存"按钮,输入查询名称为"查询2"。

三、综合应用题

(1)在"数据库"窗口中单击"窗体"对象,单击"新建"按钮,选择"自动创建窗体:纵栏式",选择"房源基本情况表"表为数据源,单击"确定"按钮。在窗体页眉中添加标签,输入"房源基本情况表"文本,选中标签,在工具栏中选择对应的文本格式。

(2)从工具箱中选择按钮并添加到窗体中,在命令按钮向导的类别选择"记录浏览",在操作中选择"转至下一记录",输入按钮文本"下一记录"。从工具箱中选择按钮,添加到窗体中,在命令按钮向导的类别选择"记录浏览",在操作中选择"转至前一记录",输入按钮文本"前一记录"。用鼠标右键单击窗体视图的空白处,选择"属性"选项,在"格式页宽度"行中输入10cm,在弹出方式中选择"是"。

 第16套 上机考试试题答案与解析

一、基本操作题

(1)打开"成绩"表,选中"学号"列,用鼠标右键单击选择"升序"。执行"格式"→"数据表"命令,网格线颜色选择湖蓝色。

(2)在"数据库"窗口中单击"表"对象,单击"新建"按钮,在"新建表"对话框中选择"设计视图",按照要求建立字段。保存为"学生表"。

(3)选中"学生"表的"性别"字段,在字段属性的默认值行中输入"男",有效性规则行中输入"男"Or"女"。

二、简单应用题

(1)在"数据库"窗口中单击"查询"对象,单击"新建"按钮,选择"设计视图",添加"系别"表、"班级"表和"学生"表。选择"系名称"、"班级名称"和"学生姓名"字段。在"系名称"字段的"准则"行中输入"计算机"。单击"保存"按钮,输入查询名称为"计算机系学生"。

(2)在"数据库"窗口中单击"宏"对象,单击"新建"按钮,选择"设计视图",在操作列中选择"OpenQuery"操作,选择"计算机系学生"查询。在操作列中选择"Minimize"。单击"保存"按钮,输入宏名称为"计算机系学生宏"。

三、综合应用题

(1)在"数据库"窗口中单击"窗体"对象,单击"新建"按钮,选择"自动创建窗体:纵栏",选择"个人信息"表为数据源,单击"确定"按钮。在工具箱中选择子窗体子报表添加到窗体中,按照要求选择字段。

(2)在"数据库"窗口中单击"窗体"对象,单击"新建"按钮,选择"设计视图",不选择数据源,添加"账号ID"组合框,绑定到"个人信息"表的"账号ID"字段。

(3)在"数据库"窗口中单击"宏"对象,单击"新建"按钮,在操作列选择"OpenForm",在窗体名称中选择"个人信息",在"Where添加"行中输入"[账号ID]=[Forms]![按照账号ID查询]![组合1]"。在"按照账号ID查询"窗体中添加按钮,在命令按钮向导的类别中选择"杂项",在操作中选择"运行宏",选择"打开个人信息窗体"宏,按钮文本输入"查询详细信息"。

 第17套 上机考试试题答案与解析

一、基本操作题

(1)在"Acc1.mdb"数据库中单击"表"对象,执行"文件"→"获取外部数据"→"链接表"命令,弹出"链接"对话框,选择"文件类型"下拉列表中的"Microsoft Excel"选项,选择"课程.xls"所在的路径,单击"导入"按钮,弹出"导入数据表向导"对话框。单击"下一步"按钮,选中"第一行包含列标题"复选框,单击"下一步"按钮,保存链接名称为"课程",单击"打开"按钮,保存链接名称为"课程",单击"完成"按钮。

(2)在Acc1.mdb数据库中单击"表"对象,选择"成绩"表,单击"打开"按钮,打开"成绩"数据表视图。用鼠标右键单击"成绩"表标题栏,执行"取消隐藏列"快捷菜单命令,弹出"撤销隐藏列"对话框,选择"成绩"复选框,单击"关闭"按钮。单击"保存"按钮,保存"成绩"表,关闭设计视图。

(3)在"Acc1.mdb"数据库中单击"表"对象,选择"学生"表,单击"设计"按钮,打开"学生"表的设计视图。选择"党员否"字段,在下面对应的字段属性中的"默认值"文本框中输入"0",在"标题"文本框中输入"是否为党员"。单击"保存"按钮,保存"学生"表,关闭设计视图。

(4)在"Acc1.mdb"数据库中单击"表"对象,选择"学生"表,单击"打开"按钮,打开"学生"数据表视图。执行"格式"→"数

< 147 >

据表"命令,弹出"设置数据表格式"对话框,选择"背景颜色"下拉列表中的"灰色"选项,选择"网格线颜色"下拉列表中的"白色"选项,单击"确定"按钮。执行"格式"→"字体"命令,弹出"字体"对话框,选择"字号"下拉列表中的"五号"选项,单击"确定"按钮。单击"保存"按钮,保存"学生"表,关闭设计视图。

(5)在 Acc1.mdb 数据库中单击"表"对象,执行"工具"→"关系"命令,弹出"关系"对话框,将"显示表"对话框中的"学生"和"成绩"表添加到"关系"视图中,关闭"显示表"对话框。将"学生"表中的"学号"字段拖动到"成绩"表中的"学号"字段中,弹出"编辑关系"对话框,单击"创建"按钮。单击"保存"按钮,保存"关系",关闭关系设计窗口。

二、简单应用题

(1)在 Acc2.mdb 数据库中单击"查询"对象,单击"新建"按钮,弹出"新建查询"对话框,选择"设计视图",单击"确定"按钮。

在"显示表"对话框中,将"学生"表添加到"查询"对话框中,关闭"显示表"对话框。分别双击"学生"表中的"姓名"、"性别"和"年龄"字段。

单击"保存"按钮,保存查询名称为"查询1",单击"确定"按钮,关闭设计视图。

(2)在"Acc2.mdb"数据库中单击"查询"对象,单击"新建"按钮,弹出"新建查询"对话框,选择"设计视图",单击"确定"按钮。在"显示表"对话框中,将"学生"表、"成绩"表和"课程"表添加到"查询"对话框中,关闭"显示表"对话框。分别双击"学生"表中的"姓名"、"性别"和"年龄"字段,"成绩"表中的"成绩"字段。单击工具栏中的"总计"按钮,出现"总计"行,选择"成绩"字段对应"总计"下拉列表中的"平均值"函数选项,选择"成绩"字段对应"排序"下拉列表中的"降序"选项,将"成绩"更改为"平均成绩:成绩"。单击"保存"按钮,保存查询名称为"查询2",单击"确定"按钮,关闭设计视图。

(3)单击"查询"对象,单击"新建"按钮,弹出"新建查询"对话框,选择"设计视图",单击"确定"按钮,打开"查询"设计视图。在"显示表"对话框中,将"学生"表、"成绩"表和"课程"表添加到"查询"对话框中,关闭"显示表"对话框。分别双击"学生"表中的"班级"和"姓名"字段,"课程"表中的"课程名"字段,"成绩"表中的"成绩"字段。在"班级"字段对应的条件中输入"[请输入班级]"提示信息。单击"保存"按钮,保存查询名称为"查询3",单击"确定"按钮,关闭设计视图。

(4)在"Acc2.mdb"数据库中单击"查询"对象,单击"新建"按钮,选择"设计视图",单击"确定"按钮。在"显示表"对话框中,将"学生"表、"成绩"表和"课程"表添加到"查询"对话框中,关闭"显示表"对话框。分别双击"学生"表中的"姓名"字段,"课程"表中的"课程名"字段,"成绩"表中的"成绩"字段。执行"查询"→"生成表查询"命令,弹出"生成表"对话框,单击"确定"按钮,生成"90分以上的学生信息"。在"成绩"字段对应的条件中输入">=90"。单击"保存"按钮,保存查询名称为"查询4",单击"确定"按钮,关闭设计视图。

三、综合应用题

(1)在"Acc3.mdb"数据库中单击"窗体"对象,选择"F2"窗体,单击"设计"按钮,打开"F2"窗体设计视图。选择工具箱中的"矩形"按钮,将其拖至主体节中,并单击鼠标右键,执行"属性"快捷菜单命令,弹出"矩形属性"对话框,选择"全部"选项卡,在"名称"文本框中输入"RTest",在"上边距"文本框中输入"0.4cm",在"左边距"文本框中输入"0.4cm",在"宽度"文本框中输入"16.6cm",在"高度"文本框中输入"1.2cm",选择"特殊效果"下拉列表中的"凿痕"选项,关闭"属性"窗口。单击"保存"按钮,保存"F2"窗体,关闭设计视图。

(2)在"Acc3.mdb"数据库中单击"窗体"对象,选择"F2"窗体,单击"设计"按钮,打开"F2"窗体设计视图。用鼠标右键单击标题为"退出"的命令按钮,执行"属性"快捷菜单命令,弹出命令按钮属性对话框,选择"格式"选项卡,在"前景颜色"文本框中输入"128",选择"字体粗细"下拉列表中的"加粗"选项,关闭"属性"对话框。单击"保存"按钮,保存"F2"窗体,关闭设计视图。

(3)在"Acc3.mdb"数据库中单击"窗体"对象,选择"F2"窗体,单击"设计"按钮,打开"F2"窗体设计视图。用鼠标右键单击"F2"窗体标题栏,执行"属性"快捷菜单命令,弹出窗体属性对话框,选择"格式"选项卡,在"标题"文本框中输入"显示查询信息",关闭属性对话框。单击"保存"按钮,保存"F2"窗体,关闭设计视图。

(4)在"Acc3.mdb"数据库中单击"窗体"对象,选择"F2"窗体,单击"设计"按钮,打开"F2"窗体设计视图。用鼠标右键单击"F2"窗体标题栏,执行"属性"快捷菜单命令,弹出窗体属性对话框,选择"格式"选项卡,选择"边框样式"下拉列表中的"对话框边框"选项,选择"滚动条"下拉列表中的"两者均无"选项,选择"记录选择器"下拉列表中的"否"选项,选择"导航按钮"下拉列表中的"否"选项,选择"分隔线"下拉列表中的"否"选项,关闭属性对话框。单击"保存"按钮,保存"F2"窗体,关闭设计视图。

(5)在"Acc3.mdb"数据库中单击"窗体"对象,选择"F2"窗体,单击"设计"按钮,打开"F2"窗体设计视图。用鼠标右键单击标题为"显示全部记录"的命令按钮,执行"事件生成器"快捷菜单命令,弹出"代码"对话框,在 Com2_Chick 单击事件代码中的 Add 注释之间补充代码"select * from 学生",即一条 SQL 语句,选择所有学生的信息。

第18套　上机考试试题答案与解析

一、基本操作题

(1)在 Acc1.mdb 数据库中单击"表"对象,选择"产品"表,单击"设计"按钮,打开"产品"设计视图。将"生产时间"字段名改为"生产日期",在下面对应的字段属性"格式"下拉列表中选择"长日期"选项。单击"保存"按钮,保存"产品"表,关闭设计视图。

(2)单击"表"对象,选择"销售业绩"表,单击"打开"按钮,打开"销售业绩"数据表视图。分析"销售业绩"表,可知一个工号对应3个产品号,即一个员工对应3种不同产品的销售业绩,所以主键应由"工号"和"产品号"两个字段组成。单击工具栏中的"设计视图"按钮,切换至"销售业绩"表设计视图,选择"工号"和"产品号"两个字段,单击工具栏中的"主键"按钮。单击"保存"按钮,对"销售业绩"表进行保存,关闭设计视图。

(3)在"Acc1.mdb"数据库中单击"表"对象,执行"文件"→"获取外部数据"→"导入"命令,弹出"导入"对话框,选择"文件类型"下拉列表中的"文本文件"选项,选择"T1.txt"所在的路径,单击"导入"按钮,弹出"导入文本向导"对话框。单击"下一步"按钮,选中"第一行包含字段名"复选框。单击"下一步"按钮到"导入文本向导"第三步,选择"现有的表中"单选按钮,在右边对应的下拉列表中选择"T1"表。单击"下一步"按钮至最后一步,单击"完成"按钮。单击弹出提示对话框中的"确定"按钮。

(4)在"Acc1.mdb"数据库中单击"表"对象,执行"工具"→"关系"命令,弹出"关系"对话框,将"显示表"对话框中的"职工"、"销售业绩"和"产品"表添加到"关系"视图中,关闭"显示表"对话框。将"职工"表中的"工号"字段拖至"销售业绩"表中的"工号"字段,弹出"编辑关系"对话框,选择"实施参照完整性"复选框,单击"创建"按钮,同理,将"产品"表中"产品号"字段拖至"销售业绩"表中的"产品号"字段。单击"保存"按钮,保存"关系",关闭关系设计窗口。

(5)在"Acc1.mdb"数据库中单击"窗体"对象,选择"F1"窗体,单击"设计"按钮,打开"F1"窗体设计视图。用鼠标右键单击"com1"按钮,执行"属性"快捷菜单命令,弹出"命令按钮:com1"属性对话框,选择"格式"选项卡,设置"宽度"为"3cm","高度"为"1cm","上边距"为"0.501cm","左边距"为"3.501cm"。关闭"命令按钮:com1"对话框。用鼠标右键单击"com3"命令按钮,执行"属性"快捷菜单命令,弹出"命令按钮:com3"属性对话框,选择"格式"选项卡,记录"上边距"为"3.501cm"。关闭"命令按钮:com3"对话框。用鼠标右键单击"com2"命令按钮,执行"属性"快捷菜单命令,弹出"命令按钮:com2"属性对话框,选择"格式"选项卡,在"宽度"文本框中输入"2cm",在"高度"文本框中输入"1cm",在"上边距"文本框中输入"2cm",在"左边距"文本框中输入"3.501cm",关闭"命令按钮:com2"对话框。单击"保存"按钮,保存"F1"窗体,关闭窗体设计窗口。

(6)在"Acc1.mdb"数据库中单击"宏"对象,用鼠标右键单击"M1"宏,执行"重命名"快捷菜单命令,更改"M1"为"MC"。

二、简单应用题

(1)在"Acc2.mdb"数据库中单击"查询"对象,单击"新建"按钮,选择"设计视图",单击"确定"按钮。在"显示表"对话框中,将"学生"表添加到"查询"对话框中,关闭"显示表"对话框。分别双击"学号"、"姓名"、"性别"、"年龄"和"个人爱好"5个字段,在"个人爱好"字段对应的条件中输入"Not Like " * 书法 * "",取消选中对应显示中的复选框。单击"保存"按钮,保存查询名称为"查询1",单击"确定"按钮,关闭设计视图。

(2)在"Acc2.mdb"数据库中单击"查询"对象,单击"新建"按钮,选择"设计视图",单击"确定"按钮。在"显示表"对话框中,将"学生"表、"课程"表和"成绩"表添加到"查询"对话框中,关闭"显示表"对话框。分别双击"学生"表中的"姓名"字段、"课程"表中的"课程名"字段和"成绩"表中的"成绩"字段。单击"保存"按钮,保存查询名称为"查询2",单击"确定"按钮,关闭设计窗口。

(3)在"Acc2.mdb"数据库中单击"查询"对象,单击"新建"按钮,选择"设计视图",单击"确定"按钮。在"显示表"对话框中,将"学生"表添加到"查询"对话框中,关闭"显示表"对话框。分别双击"学号"、"姓名"、"性别"和"年龄"4个字段,在"年龄"字段对应的条件中输入"[Forms]![F1]![age]"。单击"保存"按钮,保存查询名称为"查询3",单击"确定"按钮,关闭设计窗口。

(4)在"Acc2.mdb"数据库中单击"查询"对象,单击"新建"按钮,弹出"新建查询"对话框,选择"设计视图",单击"确定"按钮,打开"查询"设计视图。将"显示表"对话框中的"学生"表添加到"查询"对话框中,关闭"显示表"对话框,分别双击"学生"表中"学号"、"姓名""性别"和"年龄"字段。执行"查询"→"追加查询"命令,弹出"追加"对话框,选择表名称为"T1"表,选择"当前数据库"单选按钮,单击"确定"按钮。选择"学号"字段对应"追加到"下拉列表中的"编号"选项,将字段"学号"更改为"[学号]+Left([姓名],1)"。单击"保存"按钮,保存查询名称为"查询4",单击"确定"按钮,关闭设计窗口。

三、综合应用题

(1)在"Acc3.mdb"数据库窗口中单击"表"对象,选择"职工"表,单击"设计"按钮,打开"职工"表设计视图。选择"聘用日期"字段,在字段属性中的有效性规则中输入">=#2002-1-1#",在有效性文本中输入"输入二零零二年以后的日期"。单击"保存"按钮,保存"职工"表,关闭设计窗口。

(2)在"Acc3.mdb"数据库中单击"报表"对象,选择"R1"报表,单击"设计"按钮,打开"R1"报表设计视图。执行"视图"→"排序与分组"命令,弹出"排序与分组"对话框,选择"字段/表达式"第一行下拉列表中的"性别"字段,对应的"排序次序"选择"升序"选项,关闭"排序与分组"对话框。在页面页脚内名为"Page"的文本框控件中输入"="—" & [Page] & "/" & [Pages] & "—""。单击"保存"按钮,保存"R1"报表,关闭报表设计视图。

(3)在"Acc3.mdb"数据库中单击"窗体"对象,选择"F1"窗体,单击"设计"按钮,打开"F1"窗体设计视图。用鼠标右键单击"输出"命令按钮,执行"属性"快捷菜单命令,弹出"命令按钮:com"属性对话框,选择"格式"选项卡,设置"上边距"为"1cm",选择名为"Title"的标签,设置"高度"为"1cm",在"上边距"文本框中输入"1cm",在"标题"文本框中输入"职工信息输出"。单击"保存"按钮,保存"F1"窗体,关闭设计窗口。

(4)在"Acc3.mdb"数据库中单击"窗体"对象,选择"F1"窗体,单击"设计"按钮,打开"F1"窗体设计视图。用鼠标右键单击标题为"输出"的命令按钮,执行"事件生成器"快捷菜单命令,打开"代码"对话框,在com_Click单击事件代码中的两行Add之间加入代码"Case Is >= 3",即当条件大于等于3时,运行宏"M1",在两行Add之间加入代码"Case IS=2　DoCmd.OpenReport"R1",acviewPreview"",当条件等于2时,预览输出报表对象"R1","Case IS=1 this.close"代码,即当条件等于1时窗体关闭,关闭代码窗口,单击"保存"按钮,关闭设计窗口。

第19套　上机考试试题答案与解析

一、基本操作题

(1)打开"Acc1.mdb"数据库,单击"表"对象,单击"新建"按钮,弹出"新建表"对话框,选择"设计视图",单击"确定"按钮,弹出表设计视图。将"工号"、"姓名"、"职称"、"入职日期"和"退休否"5个字段及对应的数据类型、字段大小及格式添加到设计视图中。单击"保存"按钮,弹出"另存为"对话框,在表名称文本框中输入"职工",单击"确定"按钮,弹出"尚未定义主键"提示框,单击"否"按钮,关闭表设计视图。

(2)在"Acc1.mdb"数据库中单击"表"对象,选择"职工"表,单击"设计"按钮,打开"职工"表设计视图。选择"工号"字段,单击工具栏中的"主键"按钮,单击"保存"按钮进行保存,关闭表设计视图。

(3)在"Acc1.mdb"数据库中单击"表"对象,选择"职工"表,单击"设计"按钮,打开"职工"表设计视图。选择"职称"字段,在下面对应字段属性中的"默认值"文本框中输入"讲师"。单击"保存"按钮,保存"职工"表,关闭表设计视图。

(4)在"Acc1.mdb"数据库中单击"表"对象,选择"职工"表,单击"打开"按钮,打开"职工"数据表视图。按照题目所给数据进行录入。单击"保存"按钮,保存"职工"表,关闭表视图。

二、简单应用题

(1)在"Acc2.mdb"数据库中单击"查询"对象,单击"新建"按钮,弹出"新建查询"对话框,选择"设计视图",单击"确定"按钮。在"显示表"对话框中,将"职工"表添加到"查询"对话框中,关闭"显示表"对话框。分别双击"工号"、"姓名"、"性别"、"年龄"和"职务"5个字段,在"年龄"字段对应的条件中输入">=25"。单击"保存"按钮,保存查询名称为"查询1",单击"确定"按钮,关闭设计视图。

(2)在"Acc2.mdb"数据库中单击"查询"对象,单击"新建"按钮,弹出"新建查询"对话框,选择"设计视图",单击"确定"按钮。在"显示表"对话框中,将"职工"表和"部门"表添加到"查询"对话框中,关闭"显示表"对话框。分别双击"职工"表中的"工号"、"姓名"和"入职时间"3个字段,"部门"表中的"部门名称"字段,在"部门名称"字段对应的条件中输入"[请输入职工所属部门名称]"。单击"保存"按钮,保存查询名称为"查询2",单击"确定"按钮,关闭设计视图。

(3)在"Acc2.mdb"数据库中单击"查询"对象,单击"新建"按钮,弹出"新建查询"对话框,选择"设计视图",单击"确定"按钮。在"显示表"对话框中,将"T2"表添加到"查询"对话框中,关闭"显示表"对话框。双击"工号"字段,执行"查询"→"更新查询"命令,出现"更新到"行,在"工号"字段对应的"更新到"行中输入""ST"+[工号]"。单击"保存"按钮,保存查询名称为"查询3",单击"确定"按钮,关闭设计视图。

(4)在"Acc2.mdb"数据库中单击"查询"对象,单击"新建"按钮,弹出"新建查询"对话框,选择"设计视图",单击"确定"按钮。在"显示表"对话框中,将"T1"表添加到"查询"对话框中,关闭"显示表"对话框。执行"查询"→"删除查询"命令,双击"姓名"字段,在"姓名"字段对应的条件中输入"Like " * 勇 * ""。单击"保存"按钮,保存查询名称为"查询4",单击"确定"按钮,关闭设计视图。

三、综合应用题

(1)在"Acc3.mdb"数据库中单击"表"对象,选择"职工"表,单击"设计"按钮,打开"职工"表设计视图。选中"姓名"字段行,选择下面字段属性中"必填字段"下拉列表中的"是"选项,选择下面字段属性中"索引"下拉列表中的"有(有重复)"选项,单击"保存"按钮,保存"职工"表。单击工具栏中的"数据表视图"按钮,切换至"职工"表数据视图中,用鼠标右键单击"工号"为"S0002",姓名为"刘淼"对应的照片字段,执行"插入对象"快捷菜单命令,弹出"插入对象"对话框,选择"由文件创建"单选按钮,单击"浏览"按钮选择"S0002.jpg"图片所在路径,单击"确定"按钮。单击"保存"按钮,保存"职工"表,关闭表视图。

(2)在"Acc3.mdb"数据库中单击"报表"对象,选择"R1"报表,单击"设计"按钮,打开"R1"报表设计视图。用鼠标右键单击名称为"Age"的文本框即"未绑定"文本框,执行"属性"快捷菜单命令,弹出"文本框"对话框,选择"全部"选项卡,在"名称"文本框中输入"Year"。在"控件来源"文本框中输入"=Year(Now())-[年龄]",关闭"属性"窗口。单击"保存"按钮,保存"R1"报表,关闭报表设计视图。

(3)在"Acc3.mdb"数据库中单击"窗体"对象,选择"F1"窗体,单击"设计"按钮,打开"F1"窗体设计视图。用鼠标右键单击名为"Title"的标签,即标题显示为"职工信息输出"的标签,执行"属性"快捷菜单命令,弹出"标签"对话框,选择"格式"选项卡,选择"特殊效果"事件下拉列表中的"阴影"选项。单击标题为"输出"的命令按钮,将"标签"对话框切换至"命令按钮"对话框,选择"事件"选项卡,选择"单击"事件下拉列表中的"M1"选项,关闭属性对话框。单击"保存"按钮,保存"F1"窗体,关闭设计视图。

第20套　上机考试试题答案与解析

一、基本操作题

(1)打开"Acc1.mdb"数据库,单击"表"对象,单击"新建"按钮,弹出"新建表"对话框,选择"设计视图",单击"确定"按钮,弹出表设计视图。将"护士ID"、"姓名"、"年龄"和"工作时间"4个字段及对应的数据类型、字段大小添加到设计视图中。单击"保存"按钮,弹出"另存为"对话框,在"表名称"文本框中输入"护士",单击"确定"按钮,弹出"尚未定义主键"提示框,单击"否"按钮。

(2)在"Acc1.mdb"数据库中单击"表"对象,选择"护士"表,单击"设计"按钮,打开"护士"表设计视图。选择"护士ID"字段,单击工具栏中的"主键"按钮,单击"保存"按钮,关闭设计视图。

(3)单击"表"对象,选择"护士"表,单击"设计"按钮,打开"护士"表设计视图。选择"姓名"字段,选择下面字段属性中的"必填字段"下拉列表中的"是"选项。单击"保存"按钮,保存"护士"表,关闭设计视图。

(4)在"Acc1.mdb"数据库中单击"表"对象,选择"护士"表,单击"设计"按钮,打开"护士"表设计视图。选择"年龄"字段,在下面字段属性中的"有效性规则"文本框中输入">=20 And <=35",在"有效性文本"文本框中输入"年龄应在20~35岁之间"。单击"保存"按钮,保存"护士"表,关闭设计视图。

(5)在"Acc1.mdb"数据库中单击"表"对象,选择"护士"表,单击"打开"按钮,打开"护士"表。按照题目所给数据进行录入。单击"保存"按钮,保存"护士"表,关闭表视图。

(6)在"Acc1.mdb"数据库中单击"表"对象,执行"工具"→"关系"命令,弹出"关系"对话框,将"显示表"对话框中的"医生"、"科室"、"病人"和"预约"表添加到"关系"视图中,关闭"显示表"对话框。将"医生"表中的"医生ID"字段拖至"预约"表的"医生ID"字段,弹出"编辑关系"对话框,选择"实施参照完整性"复选框,单击"创建"按钮,同理,将"科室"表中的"科室ID"字段拖至"预约"表的"科室ID"字段,设置"编辑关系"对话框,将"病人"表中的"病人ID"字段拖至"预约"表的"病人ID"字段,弹出"编辑关系"对话框,选择"实施参照完整性"复选框,单击"创建"按钮。单击"保存"按钮,保存"关系",关闭关系设计视图。

< 151 >

二、简单应用题

(1)在"Acc2.mdb"数据库中单击"查询"对象,单击"新建"按钮,弹出"新建查询"对话框,选择"设计视图",单击"确定"按钮。在"显示表"对话框中,将"病人"表添加到"查询"对话框中,关闭"显示表"对话框。分别双击"病人"表中的"姓名"、"年龄"和"性别"三个字段。在"姓名"字段对应的条件中输入"Like "李 * ""。单击"保存"按钮,保存查询名称为"查询1",单击"确定"按钮,关闭设计视图。

(2)在"Acc2.mdb"数据库中单击"查询"对象,单击"新建"按钮,弹出"新建查询"对话框,选择"设计视图",单击"确定"按钮。在"显示表"对话框中,将"医生"表和"预约"表添加到"查询"对话框中,关闭"显示表"对话框。分别双击"医生"表中的"姓名"和"年龄"字段,"预约"表中的"病人 ID"字段。单击工具栏中的"总计"按钮,下面出现"总计"行,在"年龄"字段对应的"条件"文本框中输入"<40",取消选中对应"显示"中的复选框,选择"病人 ID"字段对应"总计"下拉列表中的"计数"函数选项,将"病人 ID"字段更改为"预约人数:病人 ID"。单击"保存"按钮,保存查询名称为"查询2",单击"确定"按钮,关闭设计视图。

(3)在"Acc2.mdb"数据库中单击"查询"对象,单击"新建"按钮,弹出"新建查询"对话框,选择"设计视图",单击"确定"按钮。在"显示表"对话框中,将"T1"表添加到"查询"对话框中,关闭"显示表"对话框。执行"查询"→"删除查询"命令,双击"T1"表中的"预约日期"字段,在后面添加一个字段,输入"Month([预约日期])",在对应的条件中输入"10"。单击"保存"按钮,保存查询名称为"查询3",单击"确定"按钮,关闭设计视图。

(4)在"Acc2.mdb"数据库中单击"查询"对象,单击"新建"按钮,弹出"新建查询"对话框,选择"设计视图",单击"确定"按钮。在"显示表"对话框中,将"科室"表和"预约"表添加到"查询"对话框中,关闭"显示表"对话框。分别双击"科室"表中的"科室 ID"和"科室名称"字段,"预约"表中的"预约日期"字段。在"科室名称"字段对应的"条件"文本框中输入"[Forms]![F1]![Name]",取消选中对应"显示"中的复选框。单击"保存"按钮,保存查询名称为"查询4",单击"确定"按钮,关闭设计视图。

三、综合应用题

(1)在"Acc3.mdb"数据库中单击"窗体"对象,选择"F2"窗体,单击"设计"按钮,打开"F2"窗体设计视图。用鼠标右键单击名称为"User_remark"的标签控件,执行"属性"快捷菜单命令,弹出"标签:User_remark"属性对话框,选择"格式"选项卡,在"前景颜色"文本框中输入"128",选择"字体粗细"下拉列表中的"加粗"选项,关闭"属性"窗口。单击"保存"按钮,保存"F2"窗体,关闭"属性"窗口。

(2)在"Acc3.mdb"数据库中单击"窗体"对象,选择"F2"窗体,单击"设计"按钮,打开"F2"窗体设计视图。用鼠标右键单击"F2"窗体标题栏,执行"属性"快捷菜单命令,弹出窗体属性对话框,选择"格式"选项卡,在"标题"文本框中输入"显示/修改用户密码",关闭属性对话框。单击"保存"按钮,保存"F2"窗体,关闭设计视图。

(3)在"Acc3.mdb"数据库中单击"窗体"对象,选择"F2"窗体,单击"设计"按钮,打开"F2"窗体设计视图。用鼠标右键单击"F2"窗体标题栏,执行"属性"快捷菜单命令,弹出窗体属性对话框,选择"格式"选项卡,选择"边框样式"下拉列表中的"对话框边框"选项,选择"滚动条"下拉列表中的"两者均无"选项,选择"记录选择器"下拉列表中的"否"选项,选择"导航按钮"下拉列表中的"否"选项,选择"分隔线"下拉列表中的"否"选项,选择"控制框"下拉列表中的"否"选项,选择"关闭按钮"下拉列表中的"是"选项,关闭"属性"窗口。单击"保存"按钮,保存"F2"窗体,关闭设计视图。

(4)在"Acc3.mdb"数据库中单击"窗体"对象,选择"F2"窗体,单击"设计"按钮,打开"F2"窗体设计视图。用鼠标右键单击"退出"命令按钮控件,执行"属性"快捷菜单命令,弹出"命令按钮:com3"属性对话框,选择"格式"选项卡,在"前景颜色"文本框中输入"16711680",选择"字体粗细"下拉列表中的"加粗"选项,选择"下画线"下拉列表中的"是"选项,关闭属性对话框。单击"保存"按钮,保存"F2"窗体,关闭设计视图。

(5)在"Acc3.mdb"数据库中单击"窗体"对象,选择"F2"窗体,单击"设计"按钮,打开"F2"窗体设计视图。用鼠标右键单击标题为"修改"的命令按钮,执行"事件生成器"快捷菜单命令,弹出"代码"对话框,在com1_Click单击事件代码的两行 Add 之间加入代码"com2. Enabled = True",即当单击"修改"按钮后,"保存"按钮变为可用。

第21套 上机考试试题答案与解析

一、基本操作题

(1)在"数据库"窗口中单击"表"对象,单击"新建"按钮,在"新建表"对话框中选择"导入表",单击"确定",设置导入对话

< 152 >

框文件类型为"Microsoft Excel",选择"职位信息.xls",单击"导入"按钮,在导入数据表向导中选择第一行包含列标题,选择主键为"职位编号",将表命名为"职位信息"。

(2)用鼠标右键单击"职位信息"表,选择"设计视图"命令,按照要求修改字段的设计。

(3)执行"工具"→"关系"命令,选择显示表按钮,添加单位信息表和职位信息表,拖动"单位信息"表的"单位"编号字段到"职位信息"表的"单位ID"字段,在编辑关系对话框中选择"实施参照完整性"和"级联删除相关记录"。

二、简单应用题

(1)在"数据库"窗口中单击"查询"对象,单击"新建"按钮,选择"设计视图",添加"部门人员"表和"部门信息"表。选择"部门名称"、"姓名"和"性别"字段,在"部门ID"字段"条件"行中输入"[请输入部门ID]"。单击"保存"按钮,输入查询名称为"查询1"。

(2)在"数据库"窗口中单击"查询"对象,单击"新建"按钮,选择"设计视图",添加"部门人员"表和"部门信息"表。选择"部门名称"、"部门简介"和"姓名"字段,取消"姓名"字段的显示,在"姓名"字段的"条件"行中输入"刘翔"。单击"保存"按钮,输入查询名称为"查询2"。

三、综合应用题

(1)在"数据库"窗口中单击"查询"对象,单击"新建"按钮,选择"设计视图",添加"客户基本情况"表。选择"客户基本情况表.*"和"客户代码"字段,取消客户代码的显示,在"客户代码"字段的"条件"行中输入"[Forms]![销售明细]![客户代码]"。

(2)从工具箱中选择按钮,添加到"销售明细"窗体中,在命令按钮向导的类别中选择"杂项",在操作中选择"运行查询",选择"按照窗体房源代码"查询,输入按钮文本"房源信息"。"客户信息"按钮的添加同理。

第22套　上机考试试题答案与解析

一、基本操作题

(1)打开"Acc1.mdb"数据库窗口,单击"表"对象。用鼠标右键单击"学生"表,用鼠标右键单击选择"导出"命令,保存位置处选择对应路径,保存类型选择"文本文件",文件名称为"学生",单击"保存"按钮,弹出"导出文本向导"对话框。选中"带分隔符"单选按钮,单击"下一步"按钮,选中字段分隔符为"逗号",选中"第一行包含字段名称",单击"下一步"按钮。单击"完成"按钮,弹出导出结果对话框,提示导出文件已经完成,单击"确定"按钮。

(2)在"Acc1.mdb"数据库窗口中,单击"表"对象。打开"课程"表,用鼠标右键单击"课程名称"字段列,选择"冻结列"命令,用鼠标右键单击"课程编号"列,选择"隐藏列"命令,用鼠标右键单击"学分"字段列,选择"升序"命令。单击工具栏中的"保存"按钮,关闭课程表。

(3)在"Acc1.mdb"数据库窗口中,单击"表"对象。打开"教师"表,执行"记录"→"筛选"→"高级筛选/排序"命令,选择"学历"字段,在"条件"行中输入"Like " * 博士"。执行"筛选"→"应用筛选/排序"命令。单击工具栏中的"保存"按钮,关闭筛选对话框,最后关闭"student"表。

二、简单应用题

(1)打开"Acc2.mdb"数据库窗口,单击"查询"对象,单击"新建"按钮,选择"设计视图",单击"确定"按钮。弹出"显示表"对话框,添加"student"表,单击"关闭"按钮,关闭"显示表"对话框。选择"student.*"和"姓名"字段,在"姓名"字段行对应的"条件"行中输入"Like " * 小 * ""。单击工具栏中的"保存"按钮,在弹出的"另存为"对话框中输入查询名字"查询1",单击"确定"按钮关闭查询设计视图。

(2)在"Acc2.mdb"数据库窗口中,单击"宏"对象。单击"新建"按钮,在"操作"列选择"OpenQuery",在"查询名称"行选择"查询1"。单击工具栏中的"保存"按钮,弹出"另存为"对话框,输入宏的名称为"宏1",关闭宏设计视图。

三、综合应用题

(1)打开"Acc3.mdb"数据库窗口,单击"窗体"对象,单击"新建"按钮,选择"自动创建窗体:纵栏式",选择"房产销售情况表"表为数据源,单击"确定"按钮。弹出窗口对话框,执行"视图"→"设计视图",右键单击其中一个文本框,用鼠标右键单击选择"属性"命令,在"格式"选项卡的"特殊效果"中选择"平面",关闭属性对话框。单击工具栏中的"标签"控件,拖到窗体页眉中,并调整其大小,输入"销售信息明细"文本,选中新建标签,在工具栏中选择考题要求的文本格式:宋体、12号、加粗、居中。单击工具栏中的"保存"按钮,在弹出的"另存为"对话框中输入窗体名称为"销售明细",单击"确定"按钮关闭窗体设计视图。

（2）在"Acc3.mdb"数据库窗口中单击"查询"对象，单击"新建"按钮，选择"设计视图"，单击"确定"按钮。弹出"显示表"对话框，添加"房源基本情况表"，单击"关闭"按钮，关闭"显示表"对话框。字段行选择"房源基本情况表.*"和"房源代码"，取消"房源代码"字段的显示，在"房源代码"行对应的"条件"行中输入"[Forms]![销售明细]![房源代码]"。单击工具栏中的"保存"按钮，在弹出的"另存为"对话框中输入查询名称"按照窗体房源代码查询"，单击"确定"按钮，关闭查询设计视图。

第23套　上机考试试题答案与解析

一、基本操作题

（1）选中"表"对象，用鼠标右键单击"员工表"，选择"设计视图"。单击"聘用时间"字段行，分别在"有效性规则"和"有效性文本"行中输入"＞＝＃1950-1-1＃"和"请输入有效日期"。单击工具栏中的"保存"按钮。

（2）执行"视图"→"数据表视图"命令。用鼠标右键单击学号为"000008"的学员对应的照片列，选择"插入对象"，在"对象类型"列表中选中"位图图像"，然后单击"确定"按钮。弹出"位图图像"对话框，执行"编辑"→"粘贴来源"命令，在考生文件夹处找到要插入图片的位置。双击"000008.bmp"文件，关闭"位图图像"对话框。单击工具栏中的"保存"按钮，关闭数据表。

（3）选中"查询"对象，单击"新建"按钮，选中"设计视图"，单击"确定"按钮。在"显示表"对话框中双击"员工"表，关闭"显示表"对话框。执行"查询"→"删除查询"命令。双击"姓名"字段，在"条件"行中输入"like"*红*""行。执行"查询"→"运行"命令，在弹出的对话框中单击"是"按钮。关闭设计视图，在弹出的询问是否保存对话框中单击"否"按钮。

（4）选中"表"对象，打开"员工"表，用鼠标右键单击"所属部门"字段列，选择"所属部门"→"隐藏列"。单击工具栏中的"保存"按钮，关闭数据表。

（5）执行"工具"→"关系"命令，弹出"关系"界面，用鼠标右键单击连接两表间连线，选择"删除"。将"员工"表中的"所属部门"字段，拖动到"部门"表的"部门号"字段，释放鼠标，在弹出的对话框中单击"创建"按钮。单击工具栏中的"保存"按钮，关闭"关系"界面。

（6）执行"文件"→"获取外部数据"→"导入"命令，在考生文件夹中找到要导入的文件，在"文件类型"列表中选中"Microsoft Excel"，选中"Test.xls"文件，单击"链接"按钮。单击"下一步"按钮，选中"第一行包含列标题"复选框，连续两次单击"下一步"按钮。单击"所属部门"字段列，然后单击"不导入字段"复选框。按照上一步分别设置"聘用时间"、"简历"和"照片"字段。单击"下一步"按钮，选中"我自己选择主键"选项按钮，在下拉列表中选中"编号"，单击"下一步"按钮，在"导入到表"处输入"tmp"，单击"完成"按钮。

二、简单应用题

（1）选中"查询"对象，单击"新建"按钮，选中"设计视图"，单击"确定"按钮。在"显示表"对话框中双击"tStud"表，关闭"显示表"对话框。分别双击"学号"、"姓名"、"性别"、"年龄"和"简历"字段。在"简历"字段的"条件"行中输入"not like"*运动*""，单击"显示"行。单击工具栏中的"保存"按钮，另存为"查询1"。关闭设计视图。

（2）选中"查询"对象，单击"新建"按钮，选中"设计视图"，单击"确定"按钮。在"显示表"对话框中分别双击表"tStud"、"tCourse"和"tScore"，关闭"显示表"对话框。分别双击"姓名"、"课程号"和"成绩"字段，添加到"字段"行。单击工具栏中的"保存"按钮，另存为"查询2"。关闭设计视图。

（3）选中"查询"对象，单击"新建"按钮，选中"设计视图"，单击"确定"按钮。在"显示表"对话框中双击"tStud"表，关闭"显示表"对话框。分别双击"学号"、"姓名"、"性别"和"年龄"字段。在"性别"字段的"条件"行中输入"[forms]![fTmp]![tSS]"。单击工具栏中的"保存"按钮，另存为"查询3"。关闭设计视图。

（4）选中"查询"对象，单击"新建"按钮，选中"设计视图"，单击"确定"按钮。在"显示表"对话框中双击"tTemp"表，关闭"显示表"对话框。执行"查询"→"删除查询"命令。双击"年龄"字段添加到"字段"行，在"条件"行中输入"[年龄]mod 2<>0"。执行"查询"→"运行"命令，在弹出的对话框中单击"是"按钮。单击工具栏中的"保存"按钮，另存为"查询4"。关闭设计视图。

三、综合应用题

（1）选中"窗体"对象，右键单击"fEmp"，选择"设计视图"。右键单击"窗体选择器"，选择"属性"，在"标题"行输入"信息输出"。关闭属性界面。

(2)右键单击"bt1"按钮,选择"属性",查看"上边距"、"左边距"、"高度"、"宽度"。要求"bt2"和"bt1"按钮和大小一致并左对齐,上下相距1cm,所以"bt2"上边距＝"bt1"上边距＋高度＋1。右键单击"bt2"按钮,选择"属性",分别在"上边距"、"左边距"、"高度"、"宽度"行输入"3cm"、"3cm"、"1cm"、"2cm"。关闭属性对话框。单击工具栏中的"保存"按钮,关闭设计视图。

(3)选中"报表"对象,右键单击"rEmp",选择"设计视图"。执行"视图"→"排序与分组"命令,在"字段/表达式"下拉列表中选中"姓名",在"组属性"下的"组页眉"下拉列表中选中"是"。关闭界面。选中"姓名"文本框,剪切到"姓名页眉",放开鼠标。右键单击"姓名",选择"属性",在"控件来源"行输入"Left([姓名],1)",关闭属性对话框。单击工具栏中的"保存"按钮,关闭设计视图。

(4)选中"窗体"对象,右键单击"fEmp",选择"设计视图"。右键单击"报表输出",选择"事件生成器",输入代码:DoCmd.OpenReport "rEmp",acViewPreview 关闭界面。右键单击"退出",选择"属性",单击"事件"选项卡,在"单击"行下拉列表中选中"mEmp"。关闭属性对话框。单击工具栏中的"保存"按钮,关闭设计视图。

 第24套　上机考试试题答案与解析

一、基本操作题

(1)选中"表"对象,用鼠标右键单击"职工表",选择"设计视图"。在"性别"字段的下一行"名称"字段中输入"类别",单击"数据类型"类,在"字段大小"行中输入"2",在"有效性规则"行中输入""在职"or"退休"",单击工具栏中的"保存"按钮,关闭设计视图。

(2)执行"文件"→"获取外部数据"→"链接表"命令,在考生文件夹中找到要导入的文件,在"文件类型"列表中选中"文本文件",选中"Test.txt"文件,单击"链接"按钮。单击"下一步"按钮,选中"第一行包含列标题"复选框,单击"下一步"按钮,在"链接表名称"中输入"tTest",单击"完成"按钮。

(3)选中"窗体"对象,用鼠标右键单击"fTest",选择"设计视图"。用鼠标右键单击"bt1"按钮,选择"属性",查看"左边距"、"上边距"、"宽度"和"高度",并记录下来。关闭属性对话框。用鼠标右键单击"bt2"按钮,选择"属性",查看"左边距",并记录下来。关闭属性对话框。要设置"bt3"与"bt1"大小一致、上对齐且位于"bt1"和"bt2"之间,用鼠标右键单击"bt3"按钮,选择"属性",分别在"左边距"、"上边距"、"宽度"和"高度"行中输入"4cm"、"2cm"、"2cm"和"1cm",关闭属性对话框。单击工具栏中的"保存"按钮,关闭"关系"对话框。

(4)用鼠标右键单击"bt1"按钮,选择"Tab键次序"。将"bt3"拖动到"bt2"下面,单击"确定"按钮。单击工具栏中的"保存"按钮,关闭设计视图。

(5)选中"宏"对象。用鼠标右键单击"mTest",选择"重命名",在光标处输入"mTemp"。

二、简单应用题

(1)选中"查询"对象,单击"新建"按钮,选中"设计视图",单击"确定"按钮。在"显示表"对话框中双击表"tStud",关闭"显示表"对话框。分别双击"学号"、"姓名"、"性别"、"年龄"和"简历"字段。在"简历"字段的"条件"行中输入"not like"＊摄影＊"",单击"显示"行取消该字段的显示。单击工具栏中的"保存"按钮,另存为"查询1"。关闭设计视图。

(2)选中"查询"对象,单击"新建"按钮,选中"设计视图",单击"确定"按钮。在"显示表"对话框中双击表"tScore",关闭"显示表"对话框。分别双击"学号"和"成绩"字段。执行"视图"→"总计"命令,在"成绩"字段"总计"行下拉列表中选中"平均值"。在"成绩"字段前添加"平均成绩:"字样。单击工具栏中的"保存"按钮,另存为"查询2"。关闭设计视图。

(3)选中"查询"对象,单击"新建"按钮,选中"设计视图",单击"确定"按钮。在"显示表"对话框中分别双击表"tStud"、"tCourse"和"tScore",关闭"显示表"对话框。分别双击"姓名"、"课程"和"成绩"字段添加到"字段"行。单击工具栏中的"保存"按钮,另存为"查询3"。

(4)选中"查询"对象,单击"新建"按钮,选中"设计视图",单击"确定"按钮。在"显示表"对话框中双击表"tTemp",关闭"显示表"对话框。执行"查询"→"更新查询"命令,双击"年龄"及"团员否"字段。在"年龄"字段的"更新到"行输入"[年龄]＋1","团员否"字段的"更新到"行输入"Null"。执行"查询"→"运行"命令,在弹出的对话框中单击"是"按钮。单击工具栏中的"保存"按钮,另存为"查询4"。关闭设计视图。

三、综合应用题

(1)选中"表"对象,用鼠标右键单击"tEmp",选择"设计视图"。单击"年龄"字段行,在"有效性规则"行中输入"＜＝♯

2006－9－30＃"，在"有效性文本"行中输入"输入二零零六年九月以前的日期"。单击工具栏中的"保存"按钮，关闭设计视图。

（2）选中"报表"对象，用鼠标右键单击"rEmp"，选择"设计视图"。执行"视图"→"排序与分组"命令，在对话框的"字段／表达式"下拉列表中选中"年龄"字段，在"排序与分组"下拉列表中选中"降序"，关闭界面。用鼠标右键单击"tPage"，选择"属性"，在"全部"选项卡"控件来源"行中输入""＝"第 " ＆ [Page] ＆"页／共" ＆ [Pages] ＆ "页""，关闭属性对话框。单击工具栏中的"保存"按钮，关闭设计视图。

（3）选中"窗体"对象，用鼠标右键单击"fEmp"，选择"设计视图"。用鼠标右键单击标签控件"bTitle"，选择"属性"，在"标题"输入"数据信息输出"，在"宽度"和"高度"行输入"5cm"和"1cm"，并在"文本对齐"行右边的下拉列表中选择"居中"，关闭属性对话框。

（4）用鼠标右键单击命令按钮"输出"，选择"事件代码生成器"，在空格行相应输入如下代码：Dim f(19) As Integer、f(i) ＝ f(i － 1) ＋ f(i － 2)和 tData ＝ f(19)，关闭界面。单击工具栏中的"保存"按钮，关闭设计视图。

第25套　上机考试试题答案与解析

一、基本操作题

（1）在"Acc1.mdb"数据库窗口中单击"表"对象。单击"新建"，在"新建表"对话框中选择"设计视图"，单击"确定"按钮。然后按照题干表要求建立字段，输入题目要求的字段名称、数据类型，在字段属性中的"常规"选项卡中输入字段大小，用鼠标右键单击"雇员 ID"字段，选择"主键"。单击工具栏中的"保存"按钮，在弹出的"另存为"对话框中输入表名称"雇员"，单击"确定"按钮，并关闭表设计视图窗口。

（2）在"Acc1.mdb"数据库窗口中"表"对象下，用鼠标右键单击"雇员"表，选择"设计视图"。选中"性别"字段，在"常规"选项卡默认值行中输入"男"，有效性规则行中输入"男 Or 女"，"有效性文本"行中输入"请输入男或女字样！"。单击工具栏的"保存"按钮，并关闭表设计视图窗口。

（3）打开"雇员"表。按照题目要求依次输入所对应的数据。单击工具栏中的"保存"按钮，保存表。

二、简单应用题

（1）在"Acc2.mdb"数据库窗口中单击"查询"对象，单击"新建"，选择"设计视图"，单击"确定"按钮。分别添加"入学登记表"、"系"和"专业"表，然后单击"关闭"按钮，关闭"显示表"对话框。在字段行选择"系名称"和"高考分数"字段，在工具栏中单击"合计"按钮。在"系名称"字段的"总计"行中选择"分组"，在"高考分数"字段的"总计"行中选择"最大值"，高考分数前输入"最高分："字样。单击工具栏中的"保存"按钮，在弹出的"另存为"对话框中输入查询名字"查询1"，单击"确定"按钮关闭查询设计视图。

（2）在"Acc2.mdb"数据库窗口单击"查询"对象，单击"新建"按钮，在新建查询对话框中选择"设计视图"，单击"确定"按钮。添加"入学登记表"，然后单击"关闭"按钮，关闭"显示表"对话框。在字段行选择"姓名"、"性别"、"出生年月日"、"高考所在地"和"高考分数"字段。在"出生年月日"字段的"条件"行中输入"＞＝＃1980－1－1＃ And ＜＃1981－12－31＃"。单击工具栏中的"保存"按钮，在弹出的"另存为"对话框中输入查询名字"查询2"，单击"确定"按钮，关闭查询设计视图。

三、综合应用题

（1）在"Acc3.mdb"数据库窗口中单击"查询"对象，单击"新建"按钮，在"新建查询"对话框中选择"设计视图"，单击"确定"按钮。添加"课程成绩"表，然后单击"关闭"按钮，关闭"显示表"对话框。在字段行中选择"学号"字段，在工具栏中单击"合计"按钮，在"学号"字段对应的"总计"行中选择"分组"，添加"平均分：Sum([课程成绩]！[成绩])/Count([课程成绩]！[课程编号])"字段，在对应的"总计"行中选择"表达式"，在"排序"行中选择"降序"。单击工具栏中的"保存"按钮，在弹出的"另存为"对话框中输入查询名字"平均分"，单击"确定"按钮，关闭查询设计视图。

（2）在"Acc3.mdb"数据库窗口中单击"窗体"对象。单击"新建"按钮，选择"自动创建窗体：纵栏"，数据源为"学生"表，单击"确定"按钮，弹出新建窗体，执行"视图"→"设计视图"命令。在工具箱中单击选择"子窗体/子报表"按钮，添加到窗体中，弹出"子窗体向导"对话框，选择"使用现有的表和查询"，单击"下一步"按钮。在"子窗体向导"中左侧的下拉菜单中选择"查询：平均分"查询，单击"全选"按钮，单击"下一步"按钮，然后单击"完成"按钮。单击工具栏中的"保存"按钮，在弹出的"另存为"对话框中输入窗体名字"学生"，单击"确定"按钮关闭窗体设计视图。

第26套　上机考试试题答案与解析

一、基本操作题

(1)在"Acc1.mdb"数据库中双击"student"表,打开数据表视图。执行"格式"→"字体"命令,弹出"字体"对话框,在其中选择字号为"18",单击"确定"按钮。再次执行"格式"→"行高"命令,在弹出的对话框中输入"20",然后单击"确定"按钮。单击"保存"按钮,关闭数据表。

(2)在"Acc1.mdb"数据库中单击"student"表,然后单击"设计"按钮,打开设计视图。在"简历"行的"说明"列中输入"大学入学时的信息"。单击"保存"按钮。

(3)单击"年龄"字段,在"字段大小"栏中选择"整型"。在"备注"字段名称上单击鼠标右键,在弹出的快捷菜单中选择"删除行"命令,在弹出的确认对话框中单击"是"按钮。单击"保存"按钮,然后关闭设计视图。

(4)在"Acc1.mdb"数据库中双击"student"表,打开数据表视图。单击学号"20061001"所在的行和"照片"列的交叉处。执行"插入"→"对象"命令,在弹出的对话框中选择"由文件创建",然后单击"浏览"按钮,找到考生文件夹中的"zhao.bmp"文件,将其打开,然后单击"确定"按钮。关闭数据表窗口,数据自动保存。

(5)在"Acc1.mdb"数据库中双击"student"表,打开数据表视图。执行"格式"→"取消隐藏列"命令,在弹出的"取消隐藏列"对话框中取消选中"入校时间"复选框勾选,单击"关闭"按钮。单击"保存"按钮,然后关闭数据表视图。

(6)在"Acc1.mdb"数据库中单击"student"表,然后单击"设计"按钮,打开设计视图。用鼠标右键单击"备注"字段名,在弹出的快捷菜单中选择"删除行",在弹出的删除确认对话框中单击"是"按钮,确认字段删除。单击"保存"按钮,关闭设计视图。

二、简单应用题

(1)在"Acc2.mdb"数据库窗口中单击"查询"对象,单击"新建"按钮,选择"设计视图",在"显示表"对话框中添加"学生"、"成绩"和"课程"表,关闭"显示表"对话框。分别双击"学生"表中的"姓名"字段、"课程"表中的"课程名"字段和"成绩"表中的"分数"字段。单击"保存"按钮,在"查询名称"文本框中输入"查询1",单击"确定"按钮,关闭设计视图。

(2)在"Acc2.mdb"数据库窗口中单击"查询"对象,单击"新建"按钮,选择"设计视图",在"显示表"对话框中添加"学生"表,关闭"显示表"对话框。分别双击"学生"表中的"学号"、"姓名"、"性别"、"年龄"和"简历"字段。在"简历"字段的"条件"栏中输入"Like" * 书法 * "",并且去掉该字段"显示"栏中的"√"。单击"保存"按钮,在"查询名称"文本框中输入"查询2",单击"确定"按钮,关闭设计视图。

(3)在"Acc2.mdb"数据库窗口中单击"查询"对象,单击"新建"按钮,选择"设计视图",在"显示表"对话框中添加"学生"和"成绩"表,关闭"显示表"对话框。分别双击"学生"表中的"姓名"和"成绩"表中的"分数"字段。单击工具栏中的"总计"按钮,出现"总计"栏,选择"姓名"字段的"总计"栏为"分组","分数"字段的"总计"栏为"平均值"。单击"保存"按钮,在"查询名称"文本框中输入"查询3",单击"确定"按钮,关闭设计视图。

(4)在"Acc2.mdb"数据库窗口中单击"查询"对象,单击"新建"按钮,选择"设计视图",在"显示表"对话框中添加"学生"表,关闭"显示表"对话框。单击工具栏中的"查询类型"按钮右边的下拉按钮,选择查询类型为"追加查询"。在弹出的"追加"对话框的组合框中选择"temp"表。依次双击"学生"表中的"学号"、"姓名"、"性别"、"年龄"、"所属院系"和"入校时间"字段,在"性别"字段的"条件"栏中输入"男"。单击"保存"按钮,在"查询名称"文本框输入"查询4",单击"确定"按钮。然后单击工具栏中的"运行"按钮,在提示框中单击"是"按钮,运行查询并追加相应记录。

三、综合应用题

(1)在"Acc3.mdb"数据库窗口中单击"窗体"对象,选择"Employee"窗体,单击"设计"按钮,打开"Employee"窗体的设计视图。将"窗体页眉"的栏标头下沿向下拖动,显示出窗体页眉区,然后单击工具箱中的"标签"按钮,在"窗体页眉"区中画出一个标签控件,并在其"全部"选项卡中输入"职工基本信息";然后在其"属性"对话框中设置"名称"为"sTitle","字体名称"设置为"隶书","字号"设置为18,"字体粗细"设置为"加粗",关闭"属性"窗口。单击"保存"按钮,进行保存。

(2)在窗体页脚区向下拖动鼠标指针,显示出窗体页脚区域。在工具箱中单击"命令按钮"控件,在窗体页脚区画出一个命令按钮,在弹出的按钮向导中单击"取消"按钮,在其"属性"对话框中将其"名称"设置为"com1","标题"设置为"显示职工"。单击"保存"按钮。

(3)单击"com1"按钮,在"属性"对话框中选择"事件"选项卡中的"单击"选项,在下拉列表中选择"mos"。单击"保存"按

< 157 >

钮,进行保存。

(4)单击窗体左上角的选定块,在"属性"对话框的"全部"选项卡中设置"滚动条"属性为"两者均无"。单击"保存"按钮,保存并关闭窗体。

第27套　上机考试试题答案与解析

一、基本操作题

(1)选中"表"对象,用鼠标右键单击"tScore",选择"设计视图"。选中"学号"字段行,按住<Ctrl>键选中"课程号"字段行,用鼠标右键单击"学号"行,选择"主键"。单击工具栏中的"保存"按钮,关闭设计视图。

(2)用鼠标右键单击"tStud",选择"设计视图"。单击"年龄"字段行,在"有效性文本"行中输入"年龄应大于16"。选中"照片"字段行,用鼠标右键单击"照片"行,选择"删除行"。

(3)单击"年龄"字段行。在"有效性规则"行中输入"<#2009-10-1#"。单击工具栏中的"保存"按钮。

(4)执行"视图"→"数据表视图"命令。执行"格式"→"行高"命令,在对话框中输入"20",单击"确定"按钮。单击工具栏中的"保存"按钮,关闭设计视图。

(5)执行"工具"→"关系"命令,单击"关系"→"显示表",分别选中表"tStud"和"tScore",关闭显示表对话框。选中"tStud"表中的"学号"字段,拖动到"tScore"表的"学号"字段,释放鼠标,在弹出的对话框中单击"实施参照完整性"处,然后单击"创建"按钮。单击工具栏中的"保存"按钮,关闭"关系"对话框。

(6)执行"文件"→"获取外部数据"→"链接表"命令,在考生文件夹中找到要导入的文件,在"文件类型"列表中选中"文本文件",选中"tTest.txt"文件,单击"链接"按钮,单击"下一步"按钮,选中"第一行包含列标题"复选框,单击"下一步"按钮。在"链接表名称"输入"tTemp",单击"完成"按钮。

注意:设置"入校时间"字段的有效性规则时要注意格式,链接表时要选择正确的文件类型。

二、简单应用题

(1)选中"查询"对象,单击"新建"按钮,选中"设计视图",单击"确定"按钮。在"显示表"对话框分别双击表"tStud"、"tCourse"和"tScore",然后关闭"显示表"对话框。分别双击"姓名"、"性别"、"课程名"、"成绩"和"先修课程"字段,将它们添加到"字段"行。在"先修课程"字段的"条件"行输入"is null",单击"显示"行取消该字段显示。单击工具栏中的"保存"按钮,另存为"查询1"。关闭设计视图。

(2)选中"查询"对象,单击"新建"按钮,选中"设计视图",单击"确定"按钮。在"显示表"对话框中双击表"tCourse",关闭"显示表"对话框。分别将"课程号"、"课程名"、"学分"、"先修课程"字段添加到"字段"行。在"先修课程"字段的"条件"行中输入"Like"*101*"Or Like"*102*"",单击"显示"行取消该字段显示。单击工具栏中的"保存"按钮,另存为"查询2"。关闭设计视图。

(3)选中"查询"对象,单击"新建"按钮,选中"设计视图",单击"确定"按钮。在"显示表"对话框中双击"tStud"表,关闭"显示表"对话框。分别将"学号"、"姓名"、"性别"和"年龄"字段添加到"字段"行。在"姓名"字段的"条件"行中输入"Like"*红*""。单击工具栏中的"保存"按钮,另存为"查询3"。关闭设计视图。

(4)选中"查询"对象,单击"新建"按钮,选中"设计视图",单击"确定"按钮。在"显示表"对话框中双击表"tTemp",关闭"显示表"对话框。执行"查询"→"更新查询"命令。双击"学分"字段,在"更新到"行输入"0"。执行"查询"→"运行"命令,在弹出的对话框中单击"是"按钮。单击工具栏中的"保存"按钮,另存为"查询4"。关闭设计视图。

三、综合应用题

(1)选中"窗体"对象,用鼠标右键单击"fEmp",选择"属性"。用鼠标右键单击"性别"标签右侧的"未绑定"文本框,选择"更改为"→"组合框",再右键单击该控件,选择"属性",在"行来源类型"列选择"值列表",在"行来源"列输入"男;女"。单击工具栏中的"保存"按钮,关闭设计视图。

(2)选中"查询"对象,用鼠标右键单击"qEmp",选择"设计视图"。双击"性别"字段,在"性别"字段的"条件"行输入"[forms]![fEmp]![tSS]",取消该字段的显示。单击工具栏中的"保存"按钮,关闭设计视图。

(3)在窗体设计视图中右键单击文本框"tPa",选择"属性",在"控件来源"行输入"=IIf([党员否]=True,"党员","非党员")",关闭属性对话框。

(4)用鼠标右键单击命令按钮"刷新",选择"事件生成器",空行内输入如下代码:Form.RecordSource = "qemp",关闭

< 158 >

界面。

用鼠标右键单击命令按钮"退出",选择"事件生成器",空行内输入如下代码:DoCmd. Close,关闭界面。

"易错误区"设置代码时要注意选择正确的函数和表达式。DoCmd. Close,关闭界面。

 第 28 套 上机考试试题答案与解析

一、基本操作题

(1)在"Acc1. mdb"数据库窗口中单击"表"对象,单击"新建"按钮,在"新建表"对话框中选择"设计视图",单击"确定"按钮。按照题目表要求建立字段,选择"数据类型",在字段属性的"常规"选项卡中的"字段大小"行中输入字段大小。选中"折扣"字段,在字段属性的"常规"选项卡的"有效性规则"行中输入">0 and <=1"。单击工具栏中的"保存"按钮,在弹出的"另存为"对话框中输入表名称"订单明细",单击"确定"按钮并关闭表设计视图。

(2)在"Acc1. mdb"数据库窗口的"表"对象下,打开"订单明细"表,按照题目表要求输入对应数据,将订单 ID 设为主键。单击工具栏中的"保存"按钮,并关闭"订单明细"表。

(3)在"Acc1. mdb"数据库窗口的"表"对象下,执行"工具"→"关系"命令,如果没有出现"显示表"对话框,则单击工具栏中的"显示表"按钮,添加"订单"表和"订单明细"表,单击"关闭"按钮,关闭"显示表"对话框。拖动"订单"表的"订单 ID"字段到"订单明细"表的"订单 ID"字段,在弹出的"编辑"对话框中选择"实施参照完整性",关系类型为"一对一"。单击工具栏中的"保存"按钮,并关闭"关系"对话框。

二、简单应用题

(1)在"Acc2. mdb"数据库窗口中,单击"查询"对象。单击"新建"按钮,在"新建查询"对话框中选择"设计视图",单击"确定"按钮。在"显示表"对话框中添加"入学登记"、"系"和"专业"表,单击"关闭"按钮,关闭"显示表"对话框。在字段行中选择"ID"、"姓名"、"性别"、"出生年月日"、"高考所在地"、"高考分数"、"专业名称"和"系名称"字段。单击工具栏中"查询类型"按钮的向下箭头,选择"生成表查询",输入表名称"入学明细"。单击工具栏中的"保存"按钮,在弹出的"另存为"对话框中输入查询名字"查询 1",单击"确定"按钮并关闭查询设计视图。

(2)"Acc2. mdb"数据库窗口"查询"对象下,单击"新建"按钮,在"新建查询"对话框中选择"设计视图",单击"确定"按钮。在"显示表"对话框中分别添加"入学登记"、"系"和"专业"表,单击"关闭"按钮,关闭"显示表"对话框。执行"视图"→"总计"命令。在字段行中选择"系名称",在对应的"总计"行选择"分组",添加"平均高考分数:Sum([入学登记表]![高考分数])/Count([入学登记表]![ID])"字段,在对应"总计"行选择"表达式"。单击工具栏中的"保存"按钮,在弹出的"另存为"对话框中输入查询名字"查询 2",单击"确定"按钮并关闭查询设计视图。

三、综合应用题

(1)在"Acc3. mdb"数据库窗口中单击"查询"对象。单击"新建"按钮,在"新建查询"对话框中选择"设计视图",单击"确定"按钮。在"显示表"对话框中添加"部门人员"表和"工资"表,单击"关闭"按钮,关闭"显示表"对话框。在字段行中选择"姓名"字段,添加"税前工资:[工资表]![基本工资]+[工资表]![岗位工资]-[工资表]![住房补助]-[工资表]![保险]"字段和"税后工资:([工资表]![基本工资]+[工资表]![岗位工资]-[工资表]![住房补助]-[工资表]![保险])*.95"字段。单击工具栏中的"保存"按钮,在弹出的"另存为"对话框中输入查询名称"工资明细表",单击"确定"按钮并关闭查询设计视图。

(2)在"Acc3. mdb"数据库窗口中单击"窗体"对象,单击"新建"按钮,选择"自动创建窗体:纵栏",数据源为"工资明细表",单击"确定"按钮,弹出新建窗体。执行"视图"→"设计视图"命令,从工具箱中选择"标签"控件添加到窗体页眉中,输入"工资明细表"。选中新添加的标签,从工具栏中选择相应的文本格式:宋体、12 号、加粗。单击工具栏中的"保存"按钮,在弹出的"另存为"对话框中输入窗体名称"工资明细表",单击"确定"按钮并关闭窗体设计视图。

 第 29 套 上机考试试题答案与解析

一、基本操作题

(1)启动 Access,在弹出的"Microsoft Access"窗口的"新建文件"对话框中选择"空 Access 数据库",然后单击"确定"按钮。在"文件新建数据库"对话框中选择考生文件夹的路径,将文件命名为"Acc1",单击"创建"按钮,创建并打开"Acc1"数据库。

< 159 >

在"Acc1"数据库对话框中单击"表"对象,单击"新建"按钮,在"新建表"对话框中选择"导入表",单击"确定"按钮,弹出"导入"对话框。在"导入"对话框的"考生文件夹"框中找到要导入文件的位置,在"文件类型"中选择"Microsoft Excel",在列表中选择"学生.xls",单击"导入"按钮,弹出"导入数据表向导"对话框,然后单击"下一步"按钮。选中"第一行包含列标题"复选框,单击"下一步"按钮。选中"自行选择主键"单选按钮,然后在右边的下拉列表框中选择"学号",然后单击"下一步"按钮。导入到表文本框中输入表的名字"学生",单击"完成"按钮,弹出结果提示框,提示数据导入已经完成,单击"确定"按钮关闭提示框。

(2)在"Acc1.mdb"数据库窗口中单击"表"对象。用鼠标右键单击"学生"表,选择"设计视图",弹出"学生:表"窗口。选中"姓名"字段,在该字段所对应的字段属性的"索引"行中选择"有(有重复)"。单击工具栏中的"保存"按钮,关闭表设计视图。

(3)打开"Acc1.mdb"数据库,在"Acc1"数据库窗口中单击"表"对象。用鼠标右键单击"学生"表,选择"另存为",在打开的"另存为"对话框中,选择"保存类型"为"窗体",单击"确定"按钮即可。

二、简单应用题

(1)打开"Acc2.mdb"数据库,在"Acc2"数据库窗口中单击"查询"对象。单击"新建"按钮,在"新建查询"对话框中,选择"设计视图"选项,单击"确定"按钮。在"显示表"对话框中,添加"产品"表和"存货表",单击"关闭"按钮。在"查询1:选择查询"窗口中,选择"产品"表中的"产品名称"字段,单击工具栏中的"合计"按钮,在"产品名称"字段所对应的"总计"行中选择"分组"。添加"应得利润:Sum([存货表]![数量]*[产品]![价格])*0.15"字段,并在"总计"行中选择"表达式"。单击工具栏中的"保存"按钮,在"另存为"对话框中输入查询名称为"应得利润",单击"确定"按钮,关闭查询设计视图。

(2)打开"Acc2.mdb"数据库,在"Acc2"数据库窗口中单击"查询"对象。单击"新建"按钮,在"新建查询"对话框中,选择"设计视图"选项,单击"确定"按钮。在"显示表"对话框中,添加"产品"表和"存货"表,单击"关闭"按钮。选择工具栏中的查询类型为"生成表查询",在"生成表"对话框中输入生成表的名称"进货表",单击"确定"按钮。在"查询1:选择查询"窗口中选择"产品"表的"产品.*"字段和"存货"表的"数量"字段,在"数量"字段的"显示"行取消该字段的显示,在"数量"字段的"条件"行输入"0"。单击工具栏中的"保存"按钮,在"另存为"对话框中输入查询名称为"进货",单击"确定"按钮,关闭查询设计视图。

三、综合应用题

(1)打开"Acc3.mdb"数据库,在"Acc3"数据库窗口中单击"窗体"对象,单击"新建"按钮。在"新建窗体"对话框中选择"自动创建窗体:纵栏式",并选择"课程信息"表为数据源,单击"确定"按钮。单击工具栏中的"保存"按钮,在"另存为"对话框中,输入"窗体名称"为"课程",单击"确定"按钮,关闭窗体窗口。

(2)在"Acc3.mdb"数据库窗口中,用鼠标右键单击"课程"窗体,选择"设计视图"。单击工具栏中的"视图"按钮,打开工具箱,选中工具箱中的"标签"按钮,在"课程:窗体"窗口中的"窗体页眉"处添加"页眉"标签,输入文本信息"课程信息"。选中"课程信息"页眉标签,在工具栏中修改格式,字体为"宋体",字号为"12",单击"加粗"按钮和"居中"按钮。选中工具箱中的命令按钮,添加到窗体中。弹出"命令按钮向导"对话框,在"类别"选项中选择"记录导航",在"操作"选项中选择"转至下一项记录",单击"下一步"按钮,选中"文本",并输入按钮文本信息"下一记录",单击"下一步"按钮,单击"完成"按钮。同理添加"前一记录"按钮,在"类别"选项中选择"记录导航",在"操作"选项中选择"转至前一项记录",按钮文本信息为"前一记录"。选中工具箱中的命令按钮,添加到窗体中。弹出"命令按钮向导"对话框,在"类别"选项中选择"记录操作",在"操作"选项中选择"添加新记录",单击"下一步"按钮,选中"文本",并输入按钮文本信息为"添加记录",单击"下一步"按钮,单击"完成"按钮。同理添加"保存记录"按钮,在"类别"选项中选择"记录操作",在"操作"选项中选择"保存记录",按钮文本信息为"保存记录"。选中工具箱中的命令按钮,添加到窗体中,弹出"命令按钮向导"对话框,在"类别"选项中选择"窗体操作",在"操作"选项中选择"关闭窗体",单击"下一步"按钮,选中"文本",并输入按钮文本信息"关闭窗口",单击"下一步"按钮,单击"完成"按钮。用鼠标右键单击窗体视图的空白处,选择"属性",在"其他"选项卡的"弹出方式"行中选择"是",单击工具栏中的"保存"按钮,关闭窗体设计视图。

第30套　上机考试试题答案与解析

一、基本操作题

(1)在"Acc1.mdb"数据库窗口中,单击"表"对象。用鼠标右键单击"演员"表,选择"设计视图",添加"地域"字段,"数据类型"选择"文本",在"字段大小"行中输入"10",单击"保存"按钮,关闭表设计视图。打开"演员"表,输入题目表要求的对应数据。单击"保存"按钮,关闭打开的表窗口。

(2)打开"演员"表,执行"记录"→"筛选"→"高级筛选/排序"命令,选择"地域"字段,在对应"条件"行中输入"大陆"。选择"性别"字段,在对应的"条件"行中输入"女"。执行"筛选"→"应用筛选/排序"命令,单击"保存"按钮,关闭打开的表窗口。

(3)打开"录影集"表。执行"格式"→"行高"命令,在"行高"对话框中输入13,单击"确定"按钮。用鼠标右键单击"出版年份"列,选择"升序",执行"格式"→"数据表"命令,弹出"设置数据表格式"对话框,在背景颜色组合框中选择"青色",在"网格线颜色"组合框中选择"深蓝",单击"确定"按钮。单击"保存"按钮,关闭打开的表窗口。

二、简单应用题

(1)在"Acc2.mdb"数据库窗口中单击"查询"对象。单击"新建"按钮,选择"设计视图",单击"确定"按钮,添加"产品"和"订单"表,单击"关闭"按钮。在字段行中选择"产品名称"和"订单ID"字段,单击工具栏中的"合计"按钮。在"产品名称"字段对应的"总计"行中选择"分组",在"订单ID"对应"总计"行中选择"计数",在"订单ID"行前添加"订单数:"字样。单击工具栏中的"保存"按钮,弹出"另存为"对话框,输入查询名称为"查询1",单击"确定"按钮,关闭查询设计视图。

(2)单击"新建"按钮,选择"设计视图",单击"确定"按钮,添加"部门人员"和"订单"表。在字段行中选择"姓名"和"订单ID"字段,在"姓名"对应的"条件"行中输入"田佳西"。单击工具栏中的"保存"按钮,弹出"另存为"对话框,输入查询名称为"查询2",单击"确定"按钮,关闭查询设计视图。

三、综合应用题

(1)在"Acc3.mdb"数据库中单击"查询"对象。单击"新建"按钮,在"新建"对话框中选择"设计视图",单击"确定"按钮,弹出"显示表"对话框,添加"学生成绩"和"学生档案信息"表,然后单击"关闭"按钮,关闭"显示表"对话框。在字段行中选择"学生档案信息.*"和"成绩"字段,取消"成绩"字段的显示,在"成绩"字段"条件"行中输入"<60"。单击工具栏中的"保存"按钮,弹出"另存为"对话框,输入查询名称"不及格学生信息",单击"确定"按钮,关闭查询设计视图。

(2)在"Acc3.mdb"数据库窗口中单击"宏"对象,单击"新建"按钮。在操作列选择"OpenQuery",查询名称选择"不及格学生信息"。单击工具栏中的"保存"按钮,弹出"另存为"对话框,输入宏名称"不及格学生信息",单击"确定"按钮,关闭宏设计视图。

(3)在"Acc3.mdb"数据库中单击"窗体"对象。用鼠标右键单击"学生信息查询"窗体,选择"设计视图"。从工具箱中选择命令按钮添加到窗体中,弹出"命令按钮向导"对话框。在"命令按钮向导"的"类别"列选择"杂项",在"操作"列中选择"运行宏",单击"下一步"按钮,选择命令运行的宏为"不及格学生信息"宏,单击"下一步"按钮。选中"文本",文本框中输入"不及格学生信息",单击"完成"按钮。

单击"保存"按钮,关闭窗体设计视图。